Personal gewinnen mit Social Media

Hermann Arnold

HAUFE.

Impressum

Bibliografische Information der Deutschen Nationalbibliothek

Die Deutsche Nationalbibliothek verzeichnet diese Publikation in der Deutschen Nationalbibliographie; detaillierte bibliografische Daten sind im Internet über http://www.d-nb.de abrufbar.

Print: ISBN: 978-3-648-01899-6 Bestell-Nr.: 04128-0001
ePUB: ISBN: 978-3-648-01900-9 Bestell-Nr.: 04128-0100
ePDF: ISBN: 978-3-648-01901-6 Bestell-Nr.: 04128-0150

Hermann Arnold
Personal gewinnen mit Social Media
1. Auflage 2012

© 2012, Haufe-Lexware GmbH & Co. KG, Munzinger Straße 9, 79111 Freiburg
Redaktionsanschrift: Fraunhoferstraße 5, 82152 Planegg/München
Telefon: (089) 895 17-0
Telefax: (089) 895 17-290
Internet: www.haufe.de
E-Mail: online@haufe.de
Produktmanagement: Ulrich Leinz

Lektorat: Peter Böke, 10825 Berlin
Satz: Beltz Bad Langensalza GmbH, Bad Langensalza
Umschlag: Kienle gestaltet, 70182 Stuttgart
Druck: Bosch-Druck GmbH, 84030 Ergolding

Inhaltsverzeichnis

Vorwort

Die Möglichkeiten in der Personalgewinnung haben sich in den letzten Jahren deutlich erweitert – und damit auch die Ansprüche an Unternehmen. Früher genügte vielfach ein Kleininserat in einer lokalen Zeitung oder ein Aushang im Einkaufszentrum, um genügend qualifizierte Bewerbungen zu erhalten. Selbst mit einer Reaktionszeit von über zwei Wochen hatte man noch gute Chancen, die besten Bewerber zu gewinnen. Heute führen unterschiedliche Trends dazu, dass einstmals erfolgreiche Maßnahmen nicht mehr genügend gut funktionieren.

Trends in der Personalgewinnung

In der Personalgewinnung zeichnen sich vor allem fünf Trends ab, auf die Unternehmen heute reagieren müssen:

- verändertes Verhalten von Bewerbern
- gestiegene Ansprüche an den Arbeitgeber
- große Breite unterschiedlicher Medienarten
- neue technologische Möglichkeiten
- erhöhter Wettbewerb der Arbeitgeber

Viele, insbesondere kleine und mittlere Unternehmen stehen vor großen Herausforderungen, gute Bewerber zu gewinnen und auch langfristig an das Unternehmen zu binden. Das Internet bietet eine hohe Transparenz für Bewerber und Mitarbeiter über fast alle verfügbaren Stellenangebote. Zusätzlich sind Informationen über die eigenen Mitarbeiter durch soziale Netzwerke von außen einfach zugänglich. So erhalten Bewerber und Mitarbeiter vielfach ungefragt Stellenangebote. Das macht es für Unternehmen zunehmend schwierig, gute Bewerber zu gewinnen und ausgezeichnete Mitarbeiter langfristig zu halten. Schon alleine dadurch entsteht ein erhöhter Bedarf an Rekrutierungsaktivitäten.

Herausforderungen von Unternehmen in der Personalgewinnung

- Wie erhalte ich überhaupt genügend qualifizierte Bewerbungen?
- Welche Kanäle soll ich nutzen, um eine offene Stelle zu bewerben?
- Wie kann ich gute Bewerber von meinem Unternehmen überzeugen?
- Welches sind die Kriterien, nach denen Bewerber ihre Wahl treffen?
- Wie halte ich gute Mitarbeiter langfristig trotz attraktiver Alternativen?

Dieser Praxisratgeber soll Ihnen dabei helfen, das Umfeld besser zu verstehen und sich optimal in der Personalgewinnung aufzustellen. Er beginnt mit der Frage, welche grundlegenden Trends sowohl im Arbeitsmarkt als auch im Verhalten von Bewerbern Einfluss auf Ihren Rekrutierungserfolg haben können. Anschließend beleuchtet er verschiedene Informationsquellen für Bewerber und Instrumente, die Sie im Bewerbungsmarketing nutzen können. Eine Strategie mit sozialen Medien muss immer eingebunden sein in ein Gesamtkonzept des Bewerbermarketings. Einen Schwerpunkt des Praxisratgebers bildet der professionelle Umgang mit sozialen Medien, der in Kapitel 6 (siehe S. 99) ausführlich beleuchtet wird. Schließlich bietet er einen Vorschlag für eine Vorgehensweise im Bewerbermarketing an und leitet daraus die Rolle und Aufgaben von Personalverantwortlichen in der Zukunft ab.

1 Ausgangslage: Mangel an qualifizierten Arbeitskräften

Viele Unternehmen haben heutzutage Schwierigkeiten, gute Bewerber anzusprechen und zu gewinnen. Dies betrifft insbesondere Bewerber mit einer Ausbildung oder Qualifikation in den „MINT"-Bereichen Mathematik, Informatik, Naturwissenschaften und Technik, aber durchaus auch solche im handwerklichen Bereich. Da dies kein Phänomen einzelner Unternehmen, Regionen oder Branchen ist, muss man von strukturellen Ursachen für dieses Problem ausgehen. Trotz vieler Erklärungsversuche kann nur die überdurchschnittliche Attraktivität des Finanzsektors und einzelner Regionen die aktuellen Probleme sinnvoll erklären. Aus diesem Grund muss ein erfolgreiches Bewerbermarketing diesen Gegebenheiten Rechnung tragen und eine Strategie entwickeln, wie man Bewerber von der eigenen Attraktivität überzeugen kann – und vor allem, wie man die eigene Attraktivität gegenüber dem Finanzsektor oder einzelnen Regionen erhöhen kann.

1.1 Verschiedene Erklärungsversuche

Um eine gute Personalgewinnungs-Strategie zu entwickeln, ist es zentral, die Gründe für den Mangel an qualifizierten Bewerbern zu verstehen. Abhängig von dem Grund, der im eigenen Bereich tatsächlich dafür verantwortlich ist, müssen andere Maßnahmen ergriffen werden. Die folgenden Gründe werden oft ins Feld geführt.

Oft genannte Gründe für den Mangel an qualifizierten Bewerbern

- demographischer Wandel (Alterung der Bevölkerung)
- Ausbildungsmisere (abnehmende Qualität der Schlussabschlüsse)
- Auswanderung guter Köpfe (in dynamischere Regionen)
- abnehmende Loyalität zu den Unternehmen (häufigere Stellenwechsel)
- Branchenwettbewerb (unterschiedliche Attraktivität einzelner Branchen)

1.2 Demographischer Wandel

Man hört heute viel über den demographischen Wandel, der zu einer Verknappung von guten Arbeitskräften und sogar zum „Krieg um Talente" geführt habe. Wenn man sich etwas genauer mit den Fakten beschäftigt, so wird deutlich, dass die aktuelle Verknappung von Talenten nicht aufgrund des demographischen Wandels entsteht. Der demographische Wandel wird sich „erst" in 10 bis 20 Jahren deutlich bemerkbar machen. Obwohl Unternehmen gut darauf vorbereitet sein sollten, ist er jedoch nicht der Grund für die aktuelle Verknappung gesuchter Qualifikationen. Bis 2020 bleibt die Erwerbsbevölkerung in Deutschland in etwa gleich groß bei 50 Millionen, wie die folgende Abbildung zeigt.[1]

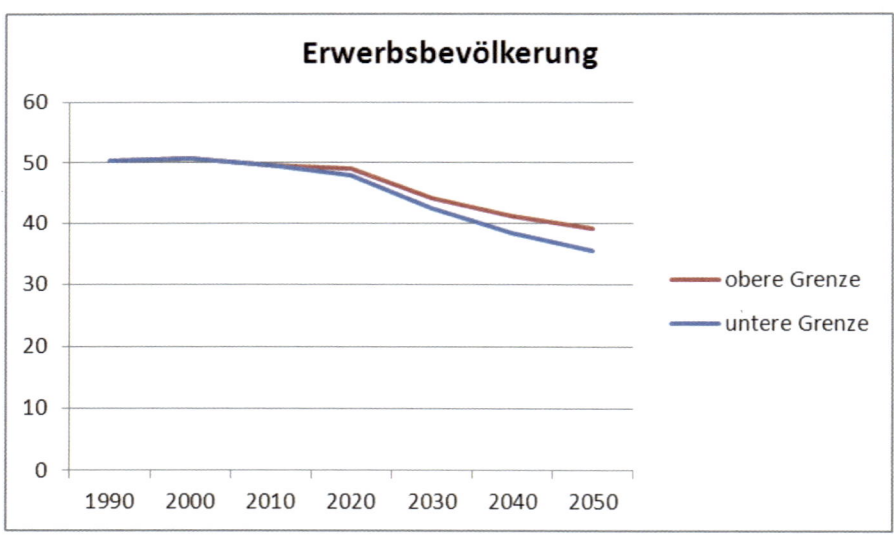

Abb. 1: Entwicklung der Gesamterwerbsbevölkerung in Deutschland

---

1   Quelle: Statistisches Bundesamt Deutschland: www.destatis.de (eigene Darstellung).

1.3 Ausbildungsmisere

Die vielerorts beklagte schlechter werdende Ausbildung ist im Allgemeinen nicht durch Fakten belegbar und scheidet damit ebenfalls als grundlegende Ursache für die Verknappung gesuchter Qualifikationen aus. Die Pisa-Studien zeigen eine generelle Verbesserung der Leistungen von Schülern (vgl. Abb. 2).[2]

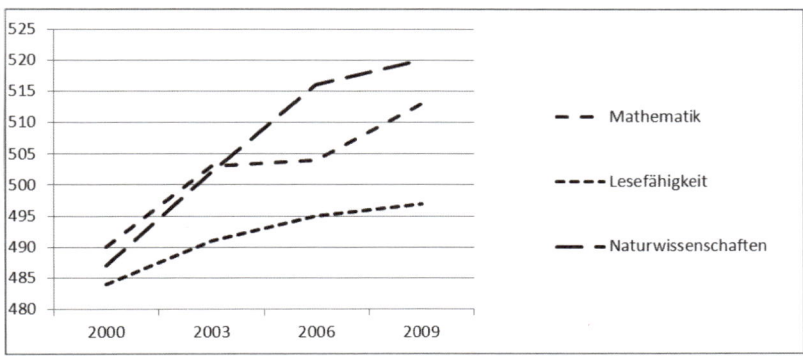

Abb. 2: Ergebnisse der Pisa-Studie in zentralen Fähigkeiten

Ebenso nimmt die Anzahl der Abschlüsse in relevanten Bereichen weiterhin zu, wie die folgende Abbildung zeigt.[3]

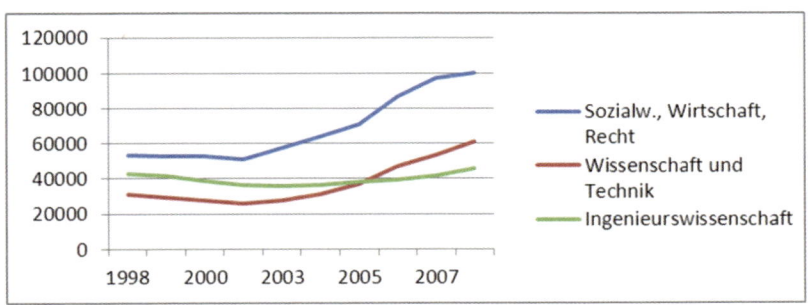

Abb. 3: Entwicklung der Anzahl der Ausbildungsabschlüsse

---

2   Quelle: OECD, www.pisa.oecd.org (eigene Darstellung).
3   Quelle: OECD, stats.oecd.org (eigene Darstellung).

1.4 Aus- und Abwanderung („Brain Drain")

Ein weiteres, oft gehörtes Argument ist der globale Wettbewerb, der insbesondere die guten Bewerber in dynamischere Regionen auswandern lässt. Auch
dieses Argument hält genaueren Betrachtungen der Fakten nicht stand. So ist
zwar die Quote von Hochqualifizierten zum Rest der Bevölkerung gleicher
Nationalität in den USA doppelt so hoch als in Europa. Aber dies ist kein neues
Phänomen. Es gibt seit Jahrhunderten Auswanderungen in andere Regionen der
Welt. Der Anteil der im Ausland lebenden Bevölkerung bewegt sich ziemlich
konstant in der Höhe von 1 bis 1,5 % der Gesamtbevölkerung, wie die folgende
Abbildung zeigt.[4] Und viele der ins Ausland ausgewanderten Personen planen,
eines Tages wieder in ihre Heimat zurückzukehren. Also handelt es sich bei
diesem Phänomen weniger um ein „Brain Drain" als um eine „Brain Circulation".

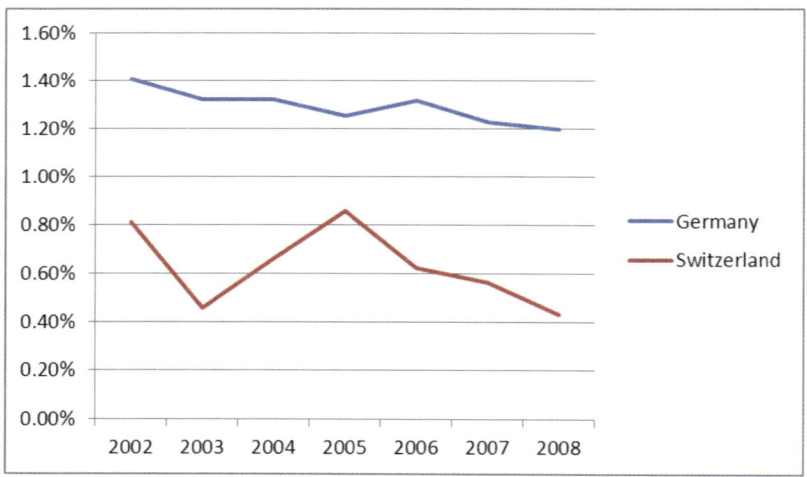

Abb. 4: Anteil der im Ausland lebenden Bevölkerung

In Deutschland gibt es einige Regionen, die von einer innerdeutschen
Bevölkerungsverschiebung betroffen sind. Insbesondere strukturschwache
oder ländliche Gebiete erleben bereits heute eine stärkere „Abwanderung"
von Erwerbstätigen – dies meist aufgrund fehlender Arbeitsmöglichkeiten. Es
ist anzunehmen, dass auch in der innerdeutschen Bevölkerungsentwicklung

---

4   Quelle: OECD, stats.oecd.org (eigene Darstellung).

Rückkehrwillige zu finden sein werden. Eine spezifische Bevölkerungsverschiebung findet auch zur Schweiz statt, die mit hohen Löhnen besonders
gut qualifizierte Mitarbeiter anzieht.

1.5 Abnehmende Loyalität zum Arbeitgeber

Arbeitnehmer, insbesondere jüngere, stellen höhere Ansprüche an ihre Karriere
und können Karrieresprünge eher bei einem Arbeitgeberwechsel erwarten als
im gleichen Unternehmen. Gleichzeitig bedingt die hohe und beinahe mühelose
Transparenz über offene Stellen scheinbar einen schnelleren Wechsel, wenn der
Mitarbeiter oder die Mitarbeiterin zum Beispiel mit ihrem Vorgesetzen nicht
zurecht kommt. Jedoch sind auch diese Überlegungen nicht der Grund für eine
zunehmende Verknappung der Talente. Höher Qualifizierte haben generell eine
weniger hohe Fluktuation als weniger Qualifizierte und jüngere Mitarbeiter
hatten schon immer am Anfang ihres Berufslebens eine höhere Wechselneigung als ältere Mitarbeiter. In guten Marktlagen steigt die Wechselneigung von
Mitarbeitern generell (vgl. Abb. 5).[5]

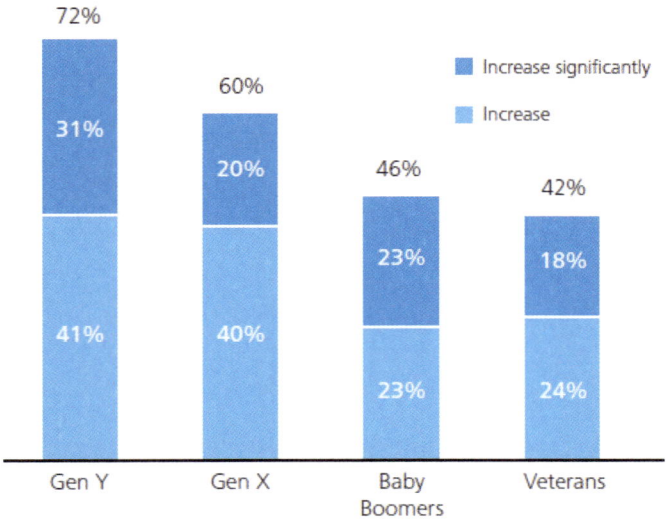

Abb. 5: Erwartungen von Führungskräften zur Veränderung von freiwilligen Kündigungen in den nächsten
12 Monaten

---

5   Quelle: Deloitte, Talent Edge 2020.

1.6   Branchenwettbewerb

Dennoch spüren viele Unternehmen ganz deutlich die Schwierigkeiten, eine genügende Anzahl guter Bewerber anzusprechen. Ein wichtiger Grund ist die ungleiche Wettbewerbssituation von kleinen und mittleren Unternehmen, aber auch von größeren Industrie- und Technologieunternehmen im Vergleich zum Finanzsektor und in diesem Zusammenhang auch mit der Schweiz.

Überdurchschnittliche Attraktivität der Finanzbranche

Der Finanzsektor und die Schweiz bieten finanziell und teilweise hinsichtlich der Entwicklungsmöglichkeiten ein ungleich attraktiveres Umfeld als die anderen Sektoren bzw. Regionen der Wirtschaft. Und im Finanzsektor werden fast alle Qualifikationen gesucht und eingestellt, insbesondere in den wichtigen und besonders umworbenen „MINT" Bereichen: Mathematik, Informatik, Naturwissenschaft und Technik.[6] Dies führt zur Verknappung dieser Qualifikationen in anderen Wirtschaftsbereichen – und auch zu einer Abwanderung von handwerklich Talentierten in diese Richtung.

Wie sich die Löhne und das Ausbildungsniveau in der Finanzwirtschaft – dargestellt in der punktierten Linie – im Vergleich zur Industrie in dem Zeitraum von 1910 bis 2010 entwickelt haben, zeigen die beiden folgenden Abbildungen.[7]

---

6   Im englischen Sprachraum werden die MINT-Bereiche als STEM bezeichnet (Science, Technology, Engineering, Mathematics).

7   Quelle: Wages and Human Capital in the U.S. Financial Industry, Thomas Philippon, Ariell Reshef, 1909-2006.

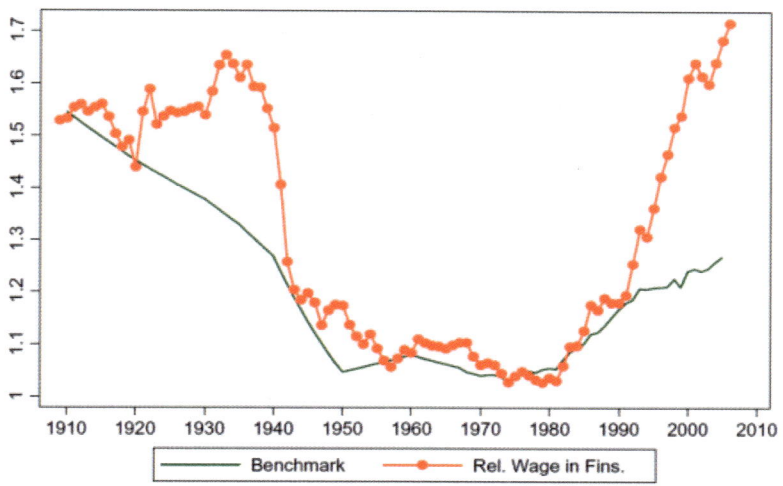

Abb. 6: Löhne in der Finanzindustrie im Vergleich zur Industrie 1910–2010

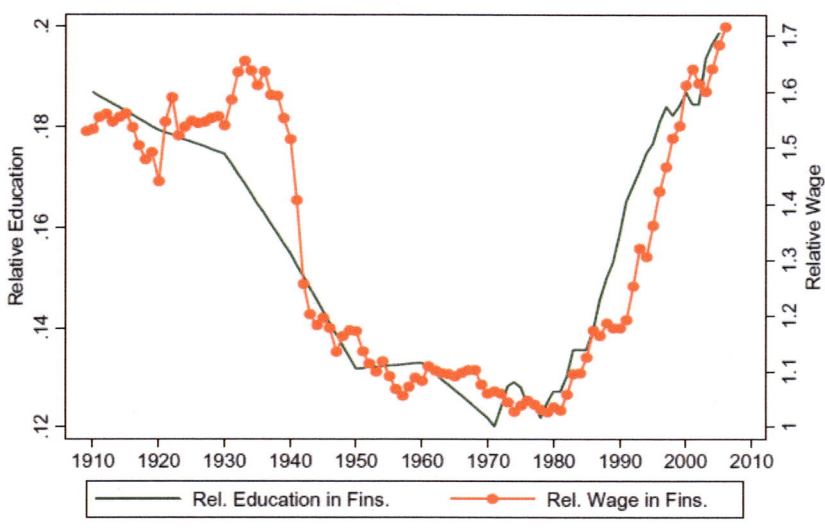

Abb. 7: Relative Löhne Finanzindustrie (punktiert) und relative Ausbildung

Jeweils in Phasen, in denen die Finanzindustrie nicht so stark reguliert ist wie zwischen 1933 (Glass–Steagall Act) und 1980 (Depository Institutions Deregulation), kann der Finanzsektor weit überdurchschnittliche Löhne und Lohn-Nebenleistungen bieten. Aufgrund der generellen Fähigkeiten, die in der Finanzindustrie gesucht werden, stellt die Finanzindustrie die besten Bewerber aus praktisch allen Ausbildungseinrichtungen mit konkurrenzlos attraktiven Konditionen an. Selbst die besten Maschinenbau-Ingenieure, die besten Physiker, Chemiker oder Biologen werden von der Finanzindustrie mit großem Erfolg rekrutiert. Das führt zu einer herausfordernden Situation für Unternehmen anderer Branchen, die sich auf diese Situation einstellen – und insbesondere ihre Vorteile gegenüber der Finanzindustrie herausstreichen müssen.

1.7 Zusammenfassung

Es gibt unterschiedliche Gründe, die für die Verknappung von qualifizierten Arbeitskräften angeführt werden. Ganz generell hat der Bedarf an qualifizierten Arbeitskräften zugenommen. Aktuell spüren viele Unternehmen und Industrien vor allem die überdurchschnittliche Attraktivität der Finanzbranche und damit auch die der Schweiz. Dadurch ergibt sich eine ungleiche Wettbewerbssituation am Arbeitsmarkt. Unternehmen anderer Branchen müssen ein besonders gutes Bewerbermarketing durchführen, um am Arbeitgebermarkt erfolgreich zu sein.

Andere Einflüsse, insbesondere der demographische Wandel, werden sich regional und branchenspezifisch unterschiedlich bemerkbar machen, jedoch in der Breite „erst" in 10 bis 20 Jahren. Somit haben Unternehmen noch Zeit, sich darauf vorzubereiten. In einzelnen Regionen oder für einzelne Branchen sind die Vorläufer jedoch bereits heute spürbar. Je nachdem, welche Faktoren zu einer Verknappung führen, müssen andere Maßnahmen eingeleitet und im Bewerbermarketing berücksichtigt werden.

Fragen zum Verständnis der Verknappung von qualifizierten Arbeitskräften

- Suchen wir Mitarbeiter in einer Region, die tendenziell eine Abwanderung erlebt?
- Werden in unserem Berufsfeld genügend Menschen ausgebildet?
- Hat unsere Branche eine überdurchschnittlich hohe Fluktuation?
- Können Mitarbeiter, die wir suchen, auch in der Finanzbranche arbeiten?

2 Verhalten der Bewerber auf dem Arbeitsmarkt

Um Bewerber richtig anzusprechen, ist es wichtig zu verstehen, wie sich Bewerber generell verhalten. Mit sozialen Medien können nur spezifische Zielgruppen angesprochen werden. Es gibt heute grob drei Gruppen von Arbeitstätigen, die unterschiedliche Bedürfnisse und Verhaltensweisen bezüglich Ihrer Arbeit und der Suche nach einer neuen Herausforderung aufweisen. Die erfahrenen „Baby Boomers" sind weniger geneigt, ihre Stelle zu wechseln, und vertrauen eher auf klassische Kanäle. Die inzwischen einen Großteil der Arbeitsleistung erbringende „Generation X" nutzt Stellenwechsel gezielt für Karrieresprünge und kombiniert klassische Internetangebote mit Personalberatungen. Die berufseinsteigende „Generation Y" mit ihren Untergruppen nutzt soziale Netzwerke und Empfehlungen gemeinsam mit einer aktiven Wahl aufgrund des anerkannten Images von Unternehmen.

Die folgende Beschreibung ist natürlich stark verallgemeinernd und kann im Einzelfall deutlich abweichen.

2.1 Erfahrene bzw. ältere Experten („Baby Boomers")

Baby Boomers sind ungefähr zwischen 1945 und 1965 geboren und damit heute zwischen 46 und 66 Jahre alt. Sie arbeiten damit noch bis zu 20 Jahre. Diese Gruppe von Mitarbeitern verfügt über die geringste Wechselneigung und sucht meist dann nach einem neuen Job, wenn es die Umstände erfordern – und in seltenen Fällen, um sich neu zu erfinden. Generell können sich viele Personen dieser Gruppe eine Stelle mit geringerer Arbeitsbelastung und eventuell auch Teilzeitmodelle vorstellen, sofern dies nicht eine tiefer eingestufte Arbeit und damit einen sozialen Abstieg bedeutet. Der Lohn ist nicht das ausschlaggebende Kriterium für die Stellenwahl, sondern eine längerfristige Perspektive eventuell bis zur Pensionierung, eine gewisse Sicherheit und Stabilität des Unternehmens, die Sozialleistungen und die Wertschätzung ihrer Berufserfahrung.

Zentrale Entscheidungskriterien für Baby Boomers

- längerfristige Perspektive, eventuell bis zur Pensionierung
- Sicherheit und Stabilität des Unternehmens
- Sozialleistungen
- Wertschätzung der Erfahrungen
- eventuell Teilzeitmodelle oder geringere Arbeitsbelastung (ohne Einbußen des Ansehens)

Mütter, die den Wiedereinstieg in den Beruf suchen

Eine besondere Gruppe der Baby Boomers sind Mütter, die nach der Erziehung und häufig nach dem Auszug ihrer Kinder wieder den Einstieg in das Berufsleben suchen. Diese Frauen sind generell gut ausgebildet und leistungsbereit. Für diese Wiedereinsteigerinnen sind „sanfte" Einstiegsbedingungen kombiniert mit der Möglichkeit, die neuen Anforderungen schrittweise zu lernen und sich anzueignen, ein wichtiges Entscheidungskriterium. Das Verständnis und auf die besondere Lage abgestimmte Programme sind erfolgskritisch für Einstellungen von Wiedereinsteigerinnen.

Zentrale Entscheidungskriterien für Wiedereinsteigerinnen

- sanfte Einstiegsbedingungen
- Training auf neue Anforderungen
- Verständnis für die besondere Lage
- Einstiegsprogramme

Die Baby Boomers informieren sich vor allem über klassische Kanäle. Zeitungsinserate sind nicht nur die meistbeachtete Quelle, sondern zeigen für diese Zielgruppe vor allem, dass ein Unternehmen bereit ist, hochqualifizierte und erfahrene Personen einzustellen und dafür Geld zu investieren. Ein Internetinserat ist in dieser Zielgruppe deutlich weniger angesehen, da es für sie nicht dieselbe Qualität vermittelt. Aber natürlich informieren sie sich auch im Internet – teilweise unterstützt durch Kinder, Enkel oder jüngere Kollegen.

Meistgenutzte Informationskanäle bei der Stellensuche für Baby Boomers

- Zeitungsinserate
  (höherstehende oder fachspezifische Publikationen)

- persönliches Netzwerk
  (Kollegen, Arbeitsbeziehungen, Kunden, Lieferanten, Wettbewerber)
- direktansprechende Personalberatungen
  (Executive Search, fachlich spezialisierte Vermittler, Outplacement Berater)

2.2 Mitarbeiter im Produktivitätshoch („Generation X")

Angehörige der Generation X sind ungefähr zwischen 1965 und 1980 geboren und damit heute zwischen 31 und 46 Jahre alt. Sie befinden sich in ihrem Produktivitätshoch, das auf Wissen, Erlerntem und Erfahrung basiert. Sie nutzen Stellenwechsel gezielt für Karrieresprünge, die häufig außerhalb des Unternehmens deutlich einfacher zu realisieren sind als innerhalb eines Unternehmens. Und sie werden häufig auf neue Möglichkeiten direkt angesprochen, ohne selbst aktiv werden zu müssen.

Zentrale Entscheidungskriterien der Generation X

- Karrieresprung durch Stellenwechsel
- Entwicklungsmöglichkeiten im Unternehmen
- soziales Ansehen der Stelle/Aufgabe
- Anerkennung von Leistung
- Lohn und Sozialleistungen
- flexible Arbeitszeit- oder Teilzeitmodelle (insbesondere bei Eltern)

Aus diesen Kriterien ist ersichtlich – wenngleich nicht weniger anspruchsvoll – wie man Mitarbeiter der Generation X im Unternehmen halten kann. Eine höhere Bindung dieser Mitarbeitergruppe würde den Rekrutierungsbedarf deutlich reduzieren. Für Mitarbeiter dieser Generation sind tatsächliche Entwicklungsmöglichkeiten hinsichtlich neuer Verantwortungsbereiche und Herausforderungen, sozial sichtbare Karriereschritte und finanzielle Entlohnung zentral.

Zentrale Bindungsfaktoren für die Generation X

- Beziehung zum Vorgesetzten
- Ausgewogenheit von Arbeit und Freizeit
- herausfordernde Aufgaben

- Zusammenarbeit mit Kollegen
- Vertrauen am Arbeitsplatz
- Entlohnungspaket
- Entwicklungsmöglichkeiten
- klare Ziele und leistungsgerechte Entlohnung

Die Generation X besteht aus Personen, die häufig erst in ihrer späten Teen-ager-Zeit oder zu Beginn des Arbeitslebens mit dem Internet in Berührung gekommen sind. Die Bezeichnung „Eingewanderte" beschreibt anschaulich, dass diese Generation sich inzwischen in die Online-Welt integriert hat und sie auch gut zu nutzen weiß, häufig aber noch als elektronische Weiterführung bekannter früherer Medien.

Meistgenutzte Informationskanäle bei der Stellensuche für die Generation X

- Jobplattformen mit elektronischen Inseraten
- elektronische Benachrichtigungen über neue Stellenausschreibungen („Job-Abo")
- Platzieren des Lebenslaufs bei Personalberatungen
- „Gefunden werden" auf Plattformen wie Xing oder LinkedIn (siehe Kapitel 5.4 (siehe S. 84))

2.3 Berufseinsteiger bzw. junge Professionals („Generation Y")

Junge Menschen der Generation Y sind ungefähr zwischen 1980 und 1995 geboren und damit heute zwischen 16 und 31 Jahre alt. Diese Generation hat hohe Ansprüche an ihr Umfeld und an den Arbeitsplatz und wenig Verständnis für Strukturen, Hierarchien und Vorgaben, deren Sinn sie nicht verstehen. Sie gehören zu einer Generation, die hohe Leistung bringen kann, aber nur, wenn sie dazu motiviert ist.

Zentrale Entscheidungskriterien der Generation Y

- Spaß an der Arbeit
- Begeisterung für Produkte

2

- herausfordernde Aufgaben
- Arbeitsmarktchancen
- Qualität der Produkte
- Identifikation mit Mitarbeitern
- Weiterbildungsmöglichkeiten

Einstiegsgehalt und Gehaltssteigerungen sind für diese Generation (noch) weniger wichtig, vielleicht aber auch, weil sie – sofern gut ausgebildet – bereits sehr attraktive Löhne erhalten. Diese Generation nutzt häufig höhere Löhne, um mehr (auch unbezahlten) Urlaub oder längere Auszeiten zu nehmen bzw. das Arbeitspensum zu reduzieren.

Die Art, wie diese Generation Informationen beschafft und kommuniziert, unterscheidet sich grundlegend von früheren Generationen. Während frühere Generationen häufig zentrale und organisierte Quellen nutzen (Zeitungen, Jobmärkte, Personalberatungen) und mit klassischen 1:1-Medien kommunizieren (Mail, Telefon), so nutzt diese Generation das Wissen und die Meinung von Gleichgesinnten (soziale Netzwerke) und kommuniziert eher wie eine private Sendestation: wen es interessiert, der „schaltet ein", wen nicht, der lässt es und ignoriert einfach den Sender.

> ▶ **Beispiel: Verständnisschwierigkeiten zwischen den Generationen**

> Eine oft geäußerte Kritik der älteren Generation am Kommunikationsverhalten der jüngeren Generation Y lautet: „Warum müssen die der ganzen Welt mitteilen, wenn Sie auf das WC gehen?" Und die typische Antwort aus der Generation Y wäre: „Warum liest du es dann, wenn es dich nicht interessiert?"

Ältere Generationen überlegen, wem sie was schreiben, und erwarten dann auch, dass der Empfänger es liest und beantwortet. Jüngere Generationen informieren einfach in die Runde und erwarten in der Regel nicht von jedem eine Reaktion. Durch die Vielzahl an Kontakten ist es meist so, dass trotzdem jemand antwortet – einerlei ob es um eine gemeinsame Freizeitbeschäftigung geht oder um die Frage, welcher Personalberater am besten sei, oder welche Firma jemand im Bereich XY kenne.

Informationskanäle für die Stellensuche der Generation Y

- Image oder Produkte von bekannten Firmen
- Erfahrungen und Empfehlungen von Kollegen/Freunden
- zufällige Informationen in Gesprächen, Berichten, Erzählungen
- Erwähnungen in sozialen Netzwerken
- Werbung an Orten, an denen sie sich „aufhalten"

2.4   Zusammenfassung

Es gibt keine einheitliche Gruppe von Kandidaten und Mitarbeitern, die man mit denselben Mitteln des Bewerbermarketings ansprechen kann. Je nachdem, aus welcher Generation man Mitarbeiter einstellen will, bieten sich unterschiedliche Kanäle und Botschaften an.

Zentrale Fragen zur Bestimmung der relevanten Generation

Anhand der folgenden Fragen können Sie festzustellen, welche Generation Sie vorrangig ansprechen wollen:

- Welches wäre das ideale Alter der Kandidaten?
- Wie viel relevante Berufserfahrung sollten die Kandidaten mitbringen?
- Welches generationentypische Verhalten wäre vorteilhaft oder nachteilig?
- Könnten auch ältere/jüngere Kandidaten diese Aufgabe erfolgreich erfüllen?
- Wie hoch soll die Nähe zum Internet und zu modernen Kommunikationsmedien sein?

3 Quellen für die Stellenbesetzung

Häufig denkt man bei der Stellenbesetzung an den offenen Arbeitsmarkt, also an aktiv suchende Personen. Diese Quelle ist jedoch nur eine von mehreren – und nicht immer die Erfolg versprechende. Andere Quellen sind eigene Mitarbeiter, die man intern entwickeln kann; passiv „Suchende", die man jedoch erst aktiv ansprechen muss; grundsätzlich zufriedene Mitarbeiter, die man mit einem attraktiven Angebot gewinnen kann; ehemalige Mitarbeiter, die sich ein Zurückkommen vorstellen können; ausländische Mitarbeiter, die man für eine Einwanderung gewinnen kann; zukünftige Arbeitssuchende, also insbesondere Personen in Ausbildung; oder auch die stille Arbeitsreserve von hauptsächlich Müttern, die sich einen Wiedereinstieg in die Berufswelt vorstellen könnten, oder „Umlerner", die einen neuen Beruf erlernen möchten.

Eine zu frühe Beschränkung auf den offenen Arbeitsmarkt reduziert die Wahrscheinlichkeit eines erfolgreichen Bewerbermarketings. Je nach angestrebter Quelle für Bewerbungen eignen sich soziale Medien besser oder weniger gut.

Die wichtigsten Quellen für die Stellenbesetzung im Überblick

- offener Arbeitsmarkt: aktiv suchende Personen
- eigene Mitarbeiter: intern zu entwickelnde Personen
- passiv suchende Personen: grundsätzlich zufrieden, aber offen für Wechsel
- zufriedene Mitarbeiter: grundsätzlich nicht interessiert
- ehemalige Mitarbeiter: zurückzugewinnende Personen
- stille Arbeitsreserve: hauptsächlich Mütter mit Wiedereinstiegswunsch
- ausländische Mitarbeiter: einwanderungsbereite Personen
- zukünftige Arbeitssuchende: Personen in Ausbildung
- „Umlerner": Personen aus anderen Berufen

3.1 Offener Arbeitsmarkt

Unter dem offenen Arbeitsmarkt verstehen wir alle Personen, die aktiv auf der Suche nach einer neuen Stelle sind. Diese Personen sind entweder Berufseinsteiger, Wiedereinsteiger, Mitarbeiter in tatsächlicher oder innerer Kündigung und solche, die eine Veränderung wünschen, sei es aufgrund eines Umzugs, einer verpassten Karrierechance oder eines neuen Vorgesetzten.

Diese Personen unternehmen aktiv Schritte und bewerben sich eigenständig – entweder direkt oder über von ihnen beauftragte Personalberatungen.

Der Zugriff auf den offenen Arbeitsmarkt hat Vor- und Nachteile:

Typische Vorteile

- höhere und schnellere Verfügbarkeit
- größeres Interesse an einer Stelle
- eigenständige Bewerbungseingänge

Typische Nachteile

- schwankende Qualität der Bewerbungen
- große Menge an unqualifizierten Bewerbungen
- Bewerber sagen aus Sicherheitsgründen eventuell einem nicht optimalem Angebot zu und bleiben weiter auf der Suche

3.2 Mitarbeiter aus dem eigenen Unternehmen

Mitarbeiter, die bereits im eigenen Unternehmen arbeiten, werden häufig bei neuen Stellenbesetzungen übersehen. Dies geschieht aus mehreren, teils unbewussten Gründen. Einerseits möchte man nur gute Mitarbeiter für die neu zu besetzende Stelle gewinnen. Aber man möchte einen guten, bestehenden Mitarbeiter nicht von seiner aktuellen Stelle „abwerben", weil dann dort wieder eine neuer Bedarf entsteht. Man stopft quasi nur eine offene Stelle indem man eine andere offene Stelle schafft. Doch genau dieses Verhalten führt dazu, dass sich gute Mitarbeiter extern umsehen, weil sie intern keine Entwicklungsmöglichkeiten haben.

Ein anderer Grund ist häufig, dass man den eigenen Mitarbeiter schon gut kennt, und folglich auch seine Schwächen. So denkt man, dass ein externer, neu gewonnener Mitarbeiter eventuell diese Schwächen nicht aufweist und daher besser geeignet wäre. Doch auch hier ist eine interne Besetzung, welche die bekannten und bewiesenen Stärken des Mitarbeiters nutzt, häufig eine bessere Wahl als eine noch so gut getestete externe Besetzung.

Die interne Stellenbesetzung hat einige typische Vor- und Nachteile:

Typische Vorteile

- bekannte Person mit Stärken und Schwächen
- Zeitpunkt der Umbesetzung frei wählbar
- Erhöhung von Loyalität und Bindung des Mitarbeiters

Typische Nachteile

- aktuelle Stelle des Mitarbeiters wird frei
- eventuell Entwicklungsbedarf des Mitarbeiters
- bei Fehlentscheidung verliert man einen zusätzlichen, guten Mitarbeiter

3.3 Passiv suchende Personen

Diese Personen sind einer neuen Herausforderung generell nicht abgeneigt. Sie sind gegenüber Stellenangeboten, die an sie herangetragen werden, aufgeschlossen und überprüfen damit auch ihren Marktwert. Aufgrund ihres aktuellen Jobs verspüren sie keine Dringlichkeit, ein Stellenangebot anzunehmen, und erwarten deshalb häufig deutliche Verbesserungen zur aktuellen Stelle – typischerweise sowohl in Bezug auf Stellung, Verantwortung, Aufgabe, Freiheiten und Lohn.

Die Konzentration auf passiv suchende Personen hat einige typische Vor- und Nachteile für die Stellenbesetzung:

Typische Vorteile

- bewusste Entscheidung des Bewerbers für die Stelle
- tendenziell sehr gut qualifizierte Personen
- meist überdurchschnittlich leistungsbereit

Typische Nachteile

- fragliche Loyalität zum Unternehmen, falls nach gewisser Zeit ein anderes, besseres Angebot kommt
- starke Verhandlungsposition und wenig Kompromissbereitschaft des Kandidaten
- späte Verfügbarkeit aufgrund von Kündigungsfristen

3.4   Zufriedene Mitarbeiter abwerben

In gewissen Situationen oder für gewisse Aufgaben muss man davon ausgehen, dass man keine geeigneten, wechselwilligen Kandidaten finden kann – beispielsweise bei sehr hoher inhaltlicher Spezialisierung oder großer finanzieller Bindung an den jeweiligen Arbeitgeber. In solchen Fällen sind manchmal gezielte Abwerbemaßnahmen unumgänglich, um die eigene offene Stelle zu besetzen. Dieses Vorgehen hat einige typische Vor- und Nachteile:

Typische Vorteile

- in der Regel beste Qualifikationen für die entsprechende Aufgabe
- klar zu identifizierende Zielgruppe, manchmal nur einzelne Personen
- aufgrund der Situation häufig auch andere, signifikante Geschäftsvorteile (Markt- oder Produktkenntnisse, Kundenbeziehungen, Schwächung des Mitbewerbes)

Typische Nachteile

- hoher Aufwand und hohe Kosten der Abwerbung
- moralische Bedenken, schlechtes Image und teilweise legale Hürden
- geringere Loyalität zu erwarten bei einem erneuten Abwerbeversuch

3.5   Ehemalige Mitarbeiter

In Europa herrscht noch vielerorts das Gefühl des Arbeitgebers vor, dass ehemalige Mitarbeiter der eigenen Firma den Rücken gekehrt und damit einen Vertrauensbruch begangen haben. Aus diesem Grund wird ein großes Reservoir an attraktiven Kandidaten übersehen.

Die Anwerbung von ehemaligen Mitarbeitern hat aber einige offensichtliche Vorteile und nur wenige Nachteile:

Typische Vorteile

- kürzere Einarbeitungszeit aufgrund ehemaliger Beschäftigung
- längere Verweildauer aufgrund bewusster Entscheidung für das Unternehmen
- Stärken und Schwächen des Mitarbeiters sind bekannt, bei anderen früheren Arbeitgebern kann es zudem eine fachliche Weiterentwicklung gegeben haben

Typische Nachteile

- Arbeitgeber, Ehemalige und Kollegen müssen für die Wiedereinstellung von ehemaligen Mitarbeitern eventuell über den eigenen Schatten springen.
- Unterschiedliche Karriereverläufe von internen und ehemaligen Mitarbeitern können zu Konflikten führen.
- Grund für erstmalige Kündigung kann wieder ein Thema werden.

3.6 Stille Arbeitsreserve

Für viele Aufgaben kann heute auf eine „Reserve" an gut ausgebildeten Eltern, meist Frauen, zurückgegriffen werden. Diese Frauen können je nach Alter der Kinder in Teilzeit oder Vollzeit arbeiten – und würden insbesondere die Möglichkeit der Arbeit von zu Hause schätzen.

> ▶ **Beispiel: Typische Aufgabenbereiche für die stille Arbeitsreserve**
>
> Für Arbeiten, die von einer Vielzahl von Personen parallel durchgeführt werden können, eignet sich dieses Modell hervorragend, beispielsweise Kundenbetreuung, Support, Abwicklung von Geschäftsprozessen wie im Personalbereich die Rekrutierung, Zeugniserstellung oder Lohnabrechnung. Aber auch für das Führen virtueller Teams oder Beratungs- und Forschungsaufgaben eignen sich diese Frauen hervorragend.

Der Rückgriff auf eine „stille Arbeitsreserve" hat einige typische Vor- und Nachteile:

Typische Vorteile

- gute Ausbildung
- hohe Effizienz in der Arbeit
- großes Reservoir

Typische Nachteile

- wenig Flexibilität für Unvorhergesehenes
- längere Einarbeitungsphase, insbesondere in Teilzeit
- geringere Integration in das Team

3.7 Ausländische Mitarbeiter

Gerade in Zeiten des Arbeitskräftemangels bietet der ausländische Arbeitsmarkt für qualifizierte Mitarbeiter eine willkommene Abhilfe. Für einen Schritt in das Ausland interessieren sich in der Regel vor allem leistungsbereite Personen. Durch die Personenfreizügigkeit ist die Anstellung ausländischer Mitarbeiter aus dem EU-Raum inzwischen einfach und unproblematisch durchführbar.

Der längerfristige Erfolg bei der Anwerbung ausländischer Arbeitnehmer hängt vor allem davon ab, ob die soziale Integration des Mitarbeiters gelingt. Die Rekrutierung von Mitarbeitern auf dem ausländischen Arbeitsmarkt hat weitere typische Vor- und Nachteile:

Typische Vorteile

- gut ausgebildete, leistungsbereite und das Team bereichernde Mitarbeiter
- größeres Reservoir an möglichen Kandidaten
- Deutschland ist insbesondere für gut ausgebildete Mitarbeiter aus osteuropäischen Staaten attraktiv

Typische Nachteile

- Rückkehr in die Heimat, falls soziale Integration nicht klappt
- kulturelle Unterschiede, insbesondere bei großem Ausländeranteil, herausfordernd
- falls nur das Lohnniveau ausschlaggebend war, ist eine geringe Loyalität zu erwarten

3.8 Zukünftige Arbeitssuchende

Zahlreiche Unternehmen engagieren sich stark an Schulen und Ausbildungsstätten, die zukünftige Mitarbeiter ausbilden. So kann man sich als Unternehmen gut positionieren, wenn man beispielsweise Praxisarbeiten oder Praktika vergibt und betreut. Gerade in der Phase der Ausbildung erhöht beispielsweise die geographische Nähe zur Ausbildungsstätte oder eine aktive Unterstützung während der Ausbildung die Wahrscheinlichkeit einer späteren Bewerbung. Das Engagement für potenzielle zukünftige Mitarbeiter, die sich noch in der Ausbildung befinden, hat vor allem folgende Vor- und Nachteile:

Typische Vorteile

- weniger Konkurrenz als am offenen Arbeitsmarkt
- Aufbau längerfristiger Beziehungen, um die Chance einer Bewerbung zu erhöhen
- die Kandidaten sind bereits vor der Bewerbung bekannt

Typische Nachteile

- lange Zeitdauer von Aktivitäten bis zur konkreten Stellenbesetzung
- wenig relevante Arbeitserfahrung (insbesondere bei Erstausbildungen)
- Risiko des Arbeitgeberwechsels nach kurzer Zeit

3.9 „Umlerner"

Manchmal bleibt Unternehmen nichts anderes übrig, als Personen einzustellen, deren Erfahrung und Ausbildung nicht dem Idealbild entsprechen. Dies bedeutet dann in der Regel einen gewissen Ausbildungsaufwand, um diese Person zu befähigen, die Aufgaben wahrzunehmen.

Typische Vorteile

- Mitarbeiter sind in der Regel für die gebotene Chance dankbar (vor allem wenn sie mit einer sozialen Verbesserung einhergeht)
- größeres Reservoir an möglichen Bewerbern
- je nach Bereich staatliche Unterstützung für Umschulung

Typische Nachteile

- unsichere Geeignetheit für die entsprechende Aufgabe
- hohe zeitliche und gegebenenfalls finanzielle Investitionen notwendig
- Gefahr der Kündigung des Mitarbeiters bei besser passendem Angebot

3.10 Zusammenfassung

Es gibt verschiedene Zielgruppen, bei denen man für die eigene Firma als Arbeitgeber werben kann. Je nach Situation am Arbeitsmarkt und der konkreten Aufgabenstellung bieten sich unterschiedliche Gruppen an. Häufig beschränkt man sich nur auf die üblichen Quellen und Kanäle und vergibt dadurch Chancen, die mit weniger Aufwand zu besseren Ergebnissen führen könnten. Man sollte sich bewusst sein, dass mit sozialen Medien nur gewisse Zielgruppen angesprochen werden können.

Die folgende Tabelle listet noch einmal die wichtigsten Personengruppen auf, bei denen Sie als Arbeitgeber werben können, und nennt stichwortartig die typischen Vor- und Nachteile.

Quellen für Stellenbesetzungen	Typische Vorteile	Typische Nachteile
Offener Arbeitsmarkt	▪ schnellere Verfügbarkeit ▪ größeres Interesse ▪ eigenständige Bewerbung	▪ schwankende Qualität ▪ Menge Unqualifizierter ▪ Zusage ohne Überzeugung
Eigene Mitarbeiter	▪ bekannte Stärken ▪ Zeitpunkt frei wählbar ▪ Erhöhung der Bindung	▪ aktuelle Stelle wird frei ▪ Entwicklungsbedarf ▪ Fehler ist doppelter Verlust
Passiv suchende Personen	▪ bewusste Entscheidung ▪ gute Qualifikationen ▪ hohe Leistungsbereitschaft	▪ fragliche Loyalität ▪ schlechte Verhandlungsposition ▪ Kündigungsfristen
Zufriedene Mitarbeiter	▪ beste Qualifikationen ▪ klar identifizierbar ▪ andere Geschäftsvorteile	▪ hoher Aufwand und Kosten ▪ Moral, Image, Recht ▪ geringe Loyalität
Ehemalige Mitarbeiter	▪ kurze Einarbeitungszeit ▪ längere Verweildauer ▪ weiterentwickelte Stärken	▪ Überwindung der Trennung ▪ interne Karriereverläufe ▪ früherer Kündigungsgrund
Stille Arbeitsreserve	▪ gute Ausbildung ▪ hohe Effizienz ▪ großes Reservoir	▪ wenig Flexibilität ▪ längere Einarbeitung ▪ weniger Team-Integration
Ausländische Mitarbeiter (qualifizierte)	▪ Ausbildung, Bereicherung ▪ größeres Reservoir ▪ Attraktivität Deutschlands	▪ Rückkehr in die Heimat ▪ kulturelle Unterschiede ▪ Loyalität, falls Lohn wichtig
Zukünftige Arbeitssuchende	▪ weniger Konkurrenz ▪ längerfristige Beziehung ▪ Bekanntheit vor Bewerbung	▪ Zeitdauer bis Besetzung ▪ wenig Berufserfahrung ▪ Wechsel nach erster Zeit
„Umlerner"	▪ dankbare Mitarbeiter ▪ größeres Reservoir ▪ staatliche Unterstützung	▪ unsichere Eignung ▪ zeitlicher Aufwand ▪ Rückwechsel bei Angebot

Tab. 1: Quellen für Stellenbesetzungen und typische Vor- und Nachteile

Fragestellungen für die Definition der Zielgruppe

Anhand der folgenden Fragen können Sie die Zielgruppe der Mitarbeitersuche genauer umreißen:

- Welche der Zielgruppen kommen für unsere offenen Stellen überhaupt in Frage?
- In welcher Zielgruppe befinden sich die Kandidaten mit der besten Eignung?
- Welche Zielgruppe erreiche ich am besten?
- Bei welcher Zielgruppe ist der Aufwand für Werbung/Überzeugung am geringsten?
- Wie viel Zeit wird der Such-, Einstellungs- und Einarbeitungsprozess in Anspruch nehmen?
- In Abhängigkeit der vorgehenden Antworten: In welcher Reihenfolge möchte ich vorgehen? Welche Zielgruppen möchte ich als erstes adressieren?

4 Informationsquellen für Bewerber

Bewerber können sich heute mittels vieler Kanäle über Stellenangebote und Arbeitgeber informieren. Je nachdem, welche Bewerbergruppe man mit welchem Ziel ansprechen möchte, eignen sich unterschiedliche Kanäle besser. Die folgende Aufstellung gibt einen Überblick über die wichtigsten Informationsquellen. Soziale Medien sind eine gute Ergänzung, aber keineswegs ein Ersatz für andere Kanäle. Häufig können soziale Medien andere Kanäle unterstützen – oder auch mehr Glaubwürdigkeit erlangen durch die Kombination mit anderen Kanälen.

Informationsquellen für Bewerber im Überblick

Die folgende Tabelle gibt Ihnen einen Überblick über die wichtigsten Informationsquellen für Bewerber:

Klassische Informationsquellen	Online-Informationsquellen für Stellenangebote	Online-Informationsquellen über Arbeitgeber
Zeitungsinserate	allgemeine Jobplattformen	Firmenwebseite
Plakate, Aushänge	spezialisierte Jobplattformen	Newsletter, Pressemeldungen
Job- und Karriere-veranstaltungen	Ansprache aufgrund von Lebenslaufdatenbanken	Berichterstattung
Personalberatungen	Firmenwebseite	Arbeitgeberbewertungen
Produkte und Dienstleistungen	soziale Netzwerke	Meinungen in sozialen Medien
Berichterstattung	Suchmaschinen	Ergebnisse in Suchmaschinen
Arbeitskollegen und Berufsumfeld	Ansprache aufgrund von Online-Profilen	
Familie und Freunde	Empfehlungen durch Bekannte	
	„kollektive" Personaldienstleistungen	

Tab. 2: Die wichtigsten Informationsquellen für Bewerber im Überblick

4.1   Klassische Informationsquellen für Stellenangebote

Vor der Verbreitung des Internets, das viele Such- und Abwicklungsprozesse deutlich effizienter und kostengünstiger gestaltet, standen nur die klassischen Informationsquellen für Bewerber zur Verfügung. Diese erfüllen weiterhin wichtige Funktionen, wenn sich auch die Art und Weise der Nutzung im letzten Jahrzehnt stark verändert hat. Für gewisse Zielgruppen oder Zwecke eignen sich klassische Kanäle immer noch am besten – eventuell kombiniert mit Online-Kanälen oder sozialen Medien.

4.1.1 Zeitungsinserate

Stelleninserate in Zeitschriften und Publikationen haben in den letzten Jahren deutlich abgenommen. Viele Medienhäuser kombinieren gedruckte und Online-Werbung, um diesem Trend etwas entgegenzuwirken. Größere Unternehmen nutzen Printwerbung inzwischen eher als generelle Imagewerbung und verweisen auf den Stellenmarkt auf ihrer Homepage, der dann konkrete Stellenangebote auflistet und eine Online-Bewerbung zulässt. Personalberatungen nutzen Stelleninserate gerne für ihre Aufträge, auch weil sie dadurch Werbung für sich machen.

Für Bewerber zeigt ein Stelleninserat in einem hochwertigen Medium, dass der Arbeitgeber bereit ist, für diese Stelle zu investieren. Stelleninserate in Gratiszeitungen sind ein sinnvoller Kanal, wenn es sich um eine hohe Anzahl an gleichartigen Stellen handelt, die eine breite Zielgruppe in Stadtnähe ansprechen soll. Fachmedien haben eine zielgenaue und typischerweise aufmerksame Leserschaft.

Für wen eignen sich Zeitungsinserate?

- hochbezahlte Fach- und Führungspositionen in hochwertigen Medien
- spezialisierte Stellenangebote in Fachmedien
- „Massenjobs" in Gratiszeitungen (hohe Anzahl gleicher Stellen, hohe Fluktuation)
  z. B. Versicherungsvertreter, Kassenangestellte, Aushilfskräfte, Telefonisten
- klassische Kleininserate lokaler Unternehmen mit Zielgruppe +/- 40 Jahre
  z. B. kaufmännische oder handwerkliche Berufe
- Imagewerbung mit dem Hinweis auf den firmeneigenen Stellenmarkt

Auswahl von wichtigen Printmedien in Deutschland[8]

■ **Tageszeitungen**
NBRZ Nielsen-BallungsRaum-Zeitungen, Bild, ACN-Gesamtausgabe, Businesskombi XXL (Handelsblatt, VDI nachrichten, Der Tagesspiegel, Die Zeit), WAZ-Mediengruppe, Frankfurter Allgemeine, DIE WELT, HAZ, Zeitungsgruppe Köln, zeitungs kombi hessen, mkn media kombi nord, Stuttgarter Zeitung

■ **Wochenendpresse**
NBRZ Nielsen-BallungsRaum-Zeitungen, Bild am Sonntag, ACN-Gesamtausgabe, Frankfurter Allgemeine Sonntagszeitung, Sonntag Aktuell, WELT am SONNTAG,

■ **Publikumspresse**
ADAC motorwelt, TV 14, metallzeitung, house and more, ver.di PUBLIK; Mein Eigenheim, Wohnen & Leben; TV Digital, TV-SPIELFILM plus, VdK-Zeitung, TV-Movie, Hörzu, Die Johanniter

■ **Fachpresse**
DBB-Magazin, Deutsches Ärzteblatt, SoVD Zeitung, Familienheim und Garten, DGUV Arbeit und Gesundheit, Erziehung und Wissenschaft, Mobil-Das Rheuma-Magazin, Verkehrs-Rundschau, Die Messe, Bundesrechtsanwaltskammer, Deutsches Architektenblatt, Top Agrar, Marburger Bund Zeitung

■ **Wirtschaftspresse**
DGUV Arbeit und Gesundheit, Wirtschaft, Deutsche Polizei, Wirtschaftsblatt, IHK plus, Wirtschaft in Mittelfranken, Wirtschaft, Wirtschaft zwischen Nord- und Ostsee

4.1.2 Plakate und Aushänge

Plakate und Aushänge sind inzwischen stark durch elektronische Medien verdrängt worden. Herkömmliche „Schwarze Bretter" werden aufgrund des Aufwandes und der anderen Möglichkeiten häufig nicht mehr angeboten. Oft verbindet sich mit einem Plakat oder Aushang ein höherer Aufwand der Pflege für den Inserenten, weil diese schnell überklebt oder abgenommen werden. Dennoch gibt es Orte, an denen Aushänge und kleinere Plakate erfolgreich sein können.

---

8 nach Auflagenstärke Q2/2011 (Verbreitung) gemäß Informationsgemeinschaft zur Feststellung der Verbreitung von Werbeträgern e.V., siehe http://daten.ivw.eu.

Wo ist der Einsatz von Plakaten und Aushängen sinnvoll?

- Ausbildungseinrichtungen, Schulen, Universitäten
  für Absolventen und in Ausbildung befindliche Personen
- von der Zielgruppe häufig frequentierten Orten
  z. B. Einkaufshäuser, Lokale, Freizeit- und Kultureinrichtungen
- Orten, an denen die Zielgruppe häufiger wartet
  z. B. Bahnhöfe, Haltestellen, Eingänge und Kassen (Ski, Konzerte), Kindergärten

4.1.3 Job- und Karriereveranstaltungen

Job- und Karriereveranstaltungen werden in unterschiedlichen Formaten angeboten, als Messen, Konferenzen, Einzelpräsentationen, Gruppenveranstaltungen, Seminare und vieles andere. Der Vorteil einer Karriereveranstaltung ist der direkte Kontakt zwischen Kandidaten und Vertretern des Unternehmens, wodurch bereits Elemente wie die persönliche Chemie einen Ausschlag geben können. In Bezug auf die Anzahl der Kontakte sind solche Veranstaltungen häufig aufwändig und teuer, die Qualität der einzelnen Kontakte ist jedoch meist höher, weil sie zielgenauer sind.

Job- und Karriereveranstaltungen eigenen sich insbesondere für

- Absolventen-Marketing an Ausbildungseinrichtungen
  (Jobsuchende bei Erstausbildungen sowie Wechselwillige nach Weiterbildungen)
- Imagepflege bei zukünftigen Arbeitskräften
- Spezialberufe, -branchen, -bereiche
  (z. B. Gesundheit, Zukunftstechnologien, Start-up-Unternehmen)

Auswahl der wichtigsten Job- und Karriereveranstaltungen in Deutschland

Reihen

- bonding messen: allgemein, 11 Hochschulstandorte, je bis zu 13.000 Besucher, je bis zu 270 Aussteller
- jobmesse deutschland: allgemein, breit, 20 Messen, je bis zu 10.000 Besucher, je bis zu 80 Aussteller
- azubi- und studientage: Schulabgänger, 11 Messen, je bis zu 15.000 Besucher, je bis zu 150 Aussteller

- Einstieg Abi Messe: Abiturienten, 7 Orte, je bis zu 38.000 Besucher, je bis zu 370 Aussteller

Einzelveranstaltungen

- connecticum, Ing., BWL, IT, Berlin, 20.000 Besucher, 300 Aussteller
- Absolventenkongress: allgemein, Köln, 11.000 Besucher, 300 Aussteller
- Hochschulkontaktmesse, BWL, München, 5.000 Besucher, 130 Aussteller
- Akademika: Ing., BWL, IT, Süddeutschland, 4.800 Besucher, 170 Aussteller
- woman&work: Frauen, Bonn, 4.000 Besucher, 60 Aussteller
- Talents: allgemein, München, 2.400 Besucher, 55 Aussteller
- ScieCon: Biotechnologie, NRW/München, je bis zu 1.300 Besucher, je bis zu 30 Aussteller
- careers4engineers: Automobil, Stuttgart/Chemnitz/Darmstadt, je bis zu 1.000 Teilnehmer, je bis zu 25 Aussteller
- Frankfurter Jobbörse für Naturwissenschaftler: Naturwissenschaften, Frankfurt, 1.000 Besucher, 20 Aussteller

Generelle Karriereevents

Heute führt fast jede Ausbildungsstätte Karriereevents durch. Dazu gehören z. B. Messen, Ausstellungen, Präsentationen, Tage der offenen Tür und Firmenbesuche. In vielen Regionen gibt es darüber hinaus allgemeine Messen wie Berufsmessen und Bildungsausstellungen.

4.1.4 Personalberatungen

Zahlreiche Bewerber hinterlegen ihr Dossier bei einem oder mehreren Personalberatern, die anschließend interessante Arbeitgeber für diese Bewerber auffinden und dem Bewerber vorstellen. Diese Dienstleistung nutzen vorwiegend ältere Stellensuchende, die einen anonymen Erstkontakt wünschen, um eine Einschätzung der Chancen vor der konkreten Bewerbung zu erlangen.

Zunehmend nutzen auch jüngere Stellensuchende Personalberatungen, mit der Hoffnung mit weniger persönlichem Aufwand bessere Arbeitsangebote zu erhalten. Personalberatungen unterstützten gerade jüngere Stellensuchende bei der Erstellung und Darstellung des Lebenslaufes und des gesamten Bewerbungsdossiers.

Für Unternehmen sind Bewerbungen über Personalberater einerseits vorteilhaft, weil es in der Regel gute und vorausgewählte Bewerbungen sind. Andererseits sind die Vermittlungsgebühren von 10–20 % des Jahresgehaltes durchaus abschreckend, weshalb eine solche Vermittlung häufig nur als letzte Möglichkeit in Betracht gezogen wird.

Unternehmen selbst geben Besetzungsaufträge oder Suchaufträge an Personalberatungen, wenn sie selbst den Prozess nicht durchführen können oder wollen. Dies kann daran liegen, dass bisherige Versuche, die Stelle zu besetzen, nicht erfolgreich waren. Oder Unternehmen lassen sich bei der Auswahl professionell beraten, weil sie sich davon eine fundiertere Entscheidung versprechen. In gewissen Fällen nutzen Unternehmen Personalberatungen, um nicht im eigenen Namen nach einer neuen Besetzung einer Stelle zu suchen, weil beispielsweise der aktuelle Stelleninhaber noch nicht über diese Entscheidung informiert ist oder weil man potenzielle Kunden oder Konkurrenten nicht über die Neubesetzung der Stelle informieren möchte.

Wann ist der Einsatz von Personalberatungen sinnvoll?

- Stellen, die schwierig zu besetzen sind
- Stellenangebote, bei denen man nicht unter eigenem Namen auftreten möchte
  z.B. aktueller Stelleninhaber weiß noch nichts davon, die Konkurrenz soll es nicht wissen
- aufwändiges oder kritisches Auswahlverfahren, für das man Profis nutzen möchte
- starker Selektionsprozess (viele unqualifizierte Bewerbungen, wenig wirklich gute)

Unterschiedliche Personalberatungsmodelle

- Vermittlung (Placement)
  Betreuen von Bewerbern und Vermittlung an Unternehmen
- Suche (Search)
  Betreuung von Unternehmen, eventuell Schalten von Inseraten, Vorauswahl von Bewerbern, Suche in eigener Datenbank und Netzwerk

- Direktansprache (Headhunting)
  Identifikation von Zielunternehmen und/oder Branchen, Recherche von Personen in gewissen Funktionen, Direktansprache über E-Mail, Telefon, soziale Netzwerke
- Trennungsberatung (Outplacement)
  Betreuung von gekündigten Mitarbeitern, Beratung im Bewerbungsprozess, teilweise Vermittlungstätigkeiten
- Temporär (Interim-Management, Zeitarbeit)
  Überlassung von Mitarbeitern auf Zeit, sowohl für Kaderpositionen (Interim-Management) als auch für zahlreiche typische Berufsfelder wie Kaufmännisch, Gastronomie, Gesundheit, Bau (Zeitarbeit)

4.1.5 Produkte und Dienstleistungen

Die eigenen Produkte oder Dienstleistungen des Unternehmens sind ein oft unterschätztes Medium, über das sich potenzielle Bewerber angesprochen fühlen – nicht nur bei der Bäckerei oder dem Coiffeur um die Ecke. Apple, BMW, Daimler, Google, Lufthansa, Porsche, Puma oder Siemens sind Unternehmen, die viele Bewerbungen erhalten, weil sich Bewerber mit dem Produkt stark identifizieren und deshalb bei diesen Firmen arbeiten wollen. Dies funktioniert natürlich vor allem bei den bekannten Konsumgüter-Unternehmen. Aber auch Unternehmen im Geschäftskundenbereich können aufgrund ihrer Markenbekanntheit und erfolgreicher Produkte Bewerber anziehen, in Deutschland beispielsweise EADS, McKinsey, PricewaterhouseCoopers, SAP oder Munich Re.

Wann ist es sinnvoll, mit den eigenen Produkten und Dienstleistungen zu werben?

- bei gut bekannten und attraktiven Konsumgütern
- bei starken Unternehmensmarken
- bei schnell umschlagenden Gütern, deren Kunden auch Mitarbeiter sein können

Wie lassen sich Produkte und Dienstleistungen zur Anwerbung von Mitarbeitern einsetzen?

- Hinweise auf Verpackungen (z. B. Fast-Food-Ketten) oder Einkaufstaschen
- Mitarbeiter werben Kunden als Mitarbeiter (z. B. Vertriebsorganisationen)
- Aushang im eigenen Verkaufs- oder Dienstleistungsgeschäft (z. B. Handel)
- Werbung auf Werbemitteln (z. B. Inserate, Plakate oder Kundeninformationen)

4.1.6 Berichterstattung zum Unternehmen

Die positive Berichterstattung in Medien über das eigene Unternehmen weckt das Interesse von Stellensuchenden. Dazu muss der Bericht gar nicht in erster Linie von konkreten Stellenangeboten handeln. Es genügt ein Artikel über ein neues Produkt, die Entwicklung des Unternehmens oder seinen Markterfolg, um einen Stellensuchenden auf die Internetpräsenz des Unternehmens zu lenken.

Berichterstattung eignet sich besonders bei

- regionalen Unternehmen, die öfter Stellen ausgeschrieben haben
- besonders innovativen oder besonders erfolgreichen Unternehmen
- Unternehmen in strukturschwachen Regionen

Kanäle der Berichterstattung

- Zeitungen, Zeitschriften, Stadtblätter
- spezifische Fachmagazine
- Radio- und Fernsehsender

4.1.7 Arbeitskollegen und Berufsumfeld

Personen, mit denen man während seiner Arbeitszeit viel zu tun hat, sind ebenfalls eine gute Quelle für Ratschläge oder Tipps, wo man sich bewerben könnte. Genauso kann es sein, dass ein Kollege oder ein Geschäftspartner ein Angebot macht, weil er die entsprechende Person bereits kennt. Somit können auch die Mitarbeiter im eigenen Unternehmen oder bei Partnerunternehmen, Lieferanten oder Kunden ein guter Kanal für Bewerbermarketing sein.

Ratschläge von Arbeitskollegen oder aus dem Berufsumfeld eignen sich besonders bei

- lokalen Arbeitsmärkten
- hoher Dichte an Unternehmen mit ähnlichem Stellenprofil
- spezialisierten oder eng verzahnten Wertschöpfungsketten in der eigenen Branche

Kanäle von Arbeitskollegen und aus dem Berufsumfeld

- Fachtagungen, Fachmessen
- Kollegen von eigenen Mitarbeitern (Mitarbeiter werben Mitarbeiter)
- Mitarbeiter von Partnerunternehmen, die Werbung für offene Stellen machen

4.1.8 Familie und Freunde des Bewerbers

Klassischerweise versucht man beim Bewerbermarketing möglichst direkt die Zielgruppe anzusprechen. Es gibt jedoch eine nicht zu unterschätzende Einflussgruppe für die potenziellen Bewerber: ihre Familie und Freunde. Diese Personen spüren oder wissen als erstes, wenn jemand in seinem aktuellen Job nicht zufrieden ist und sich beruflich etwas anderes vorstellen könnte. So kann es sein, dass der Ehepartner, die Eltern oder Freunde auf ein Stellenangebot aufmerksam werden und dies empfehlen. Manchmal sind Familie und Freunde von passiv Stellensuchenden einfacher zu erreichen.

Die Ansprache von Familie und Freunde eignet sich besonders bei

- passiv Stellensuchenden, die selbst noch nicht aktiv suchen
- Leuten in Ausbildung, bei denen Eltern einen großen Einfluss haben
- Wiedereinsteigern, insbesondere Frauen nach der Auszeit für Kinder

Die Familie und Freunde des potenziellen Bewerbers erreichen Sie über viele der oben genannten Kanäle, insbesondere Zeitungsinserate, Plakate und Aushänge, Produkte und Dienstleistungen, Berichterstattung.

4.2   Online-Informationsquellen für Stellenangebote

Seit der Verbreitung des Internet haben sich verschiedene Kanäle und Möglichkeiten entwickelt, Bewerber zu adressieren und auf die eigene Firma als Arbeitgeber aufmerksam zu machen. Die ersten Plattformen waren ursprünglich nur eine „Digitalisierung" bestehender klassischer Kanäle. Die ersten Jobplattformen verstanden sich als digitale Medien, die Jobinserate anstatt auf Papier nun elektronisch publizierten. Im Laufe der Zeit haben sich mit der veränderten Nutzung des Internet auch das Verständnis und die Möglichkeiten von Online-Plattformen weiterentwickelt.

4.2.1 Allgemeine Jobplattformen

Seit circa einem Jahrzehnt gibt es im Internet Jobplattformen, die heute die meisten der konkreten Stellenangebote publizieren. Die größten Jobplattformen sind allgemein und beinhalten eine Vielzahl offener Stellen. Bewerber können mithilfe verschiedener Kriterien nach offenen Stellen suchen und sich mittels eines Abonnements über neue Stellenausschreibungen informieren lassen, die ihren Suchkriterien entsprechen. Stellenplattformen sind heute die am häufigsten genutzte Quelle für Bewerber.

Allgemeine Jobplattformen eignen sich besonders für

- fast jede Art von Stellenangeboten
- Stellenangebote an Personen zwischen 30 und 40 Jahren
- den ersten Versuch eines Inserates, da diese Jobplattformen zu den günstigsten Inseratemöglichkeiten zählen

Die wichtigsten allgemeinen Jobplattformen Deutschlands[9]

- arbeitsagentur.de: 2.6 Mio. Besucher pro Monat
- monster.de/jobpilot.de: 1.12 Mio. Besucher pro Monat
- stepstone.de: 1.1 Mio. Besucher pro Monat
- jobs.meinestadt.de: 0.93 Mio. Besucher pro Monat

---

9   Quelle: Trendzahlen aus dem Google Adplanner http://www.google.com/adplanner (unique visitors (users), teilweise von Google geschätzt) in der Region Deutschland für den Monat Juli 2011, offizielle Statistiken und Angaben der Jobbörsen selbst variieren teilweise beträchtlich, sind jedoch nicht vollständig und daher schwer vergleichbar.

- jobrapido.de: 0.83 Mio. Besucher pro Monat
- kimeta.de: 0.35 Mio. Besucher pro Monat
- jobscout24.de: 0.32 Mio. Besucher pro Monat
- jobworld.de: 0.27 Mio. Besucher pro Monat
- stellenanzeigen.de: 0.24 Mio. Besucher pro Monat
- jobware.de: 0.15 Mio. Besucher pro Monat
- jobstairs.de: 0.10 Mio. Besucher pro Monat

Eine ausführliche Übersicht über Jobbörsen bietet die Arbeitsagentur unter tiny.cc/jobboersen.

4.2.2 Spezialisierte Jobplattformen

Für gewisse Zielgruppen sind spezialisierte Jobplattformen erfolgversprechender, meist aber auch teurer. Dazu zählen insbesondere Kader-Jobplattformen für gehobene Positionen sowie fachlich spezialisierte Jobplattformen und regional verankerte Plattformen.

Spezialisierte Jobplattformen bieten sich an

- für Zielgruppen, die sich nicht auf allgemeinen Jobplattformen aufhalten
- für weitere Inserateversuche, sofern allgemeine Jobplattformen nicht erfolgreich waren
- sofern spezialisierte Jobplattformen führend sind in der Zielgruppe

Die wichtigsten Jobplattformen für Führungskräfte in Deutschland[10]

- experteer.de: 830.000 Besucher pro Monat
- stellenmarkt.sueddeutsche.de: 77.000 Besucher pro Monat
- fazjob.net: 58.000 Besucher pro Monat
- jobs.zeit.de: 24.000 Besucher pro Monat
- allgemeine Jobplattformen haben meist einen eigenen Bereich für Führungskräfte

---

10 Quelle: Trendzahlen aus dem Google Adplanner http://www.google.com/adplanner (unique visitors (users), teilweise von Google geschätzt) in der Region Deutschland für den Monat Juli 2011, offizielle Statistiken und Angaben der Jobbörsen selbst variieren teilweise beträchtlich, sind jedoch nicht vollständig und daher schwer vergleichbar.

Auswahl von fachlich spezialisierten Jobplattformen in Deutschland

- aerztestellen.de, medi-jobs.de, pharmazone.de, pharmajobs.com: Gesundheit
- bau.net/inserate/jobs-b: Bau und Immobilien
- bvdg.de/stellenmarkt.php: Kunst und Kultur
- heise.de/jobs, itjobboard.de, computerwoche.de/stellenmarkt, gulp.de, multimedia.de/jobs/: IT, EDV, Multimedia
- hotel-career.de, hoteljob-international.de: Tourismus
- ingenieurkarriere.de, ingenieurweb.de: Ingenieure
- salesjob.de: Vertrieb

Regional verankerte Jobplattformen in Deutschland

- berlin-job.de
- meinestadt.de/region

Eine ausführliche Übersicht über Jobbörsen bietet die Arbeitsagentur unter tiny.cc/jobboersen.

4.2.3 Ansprache aufgrund von Lebenslaufdatenbanken

Die meisten Jobplattformen bieten Bewerbern an, ihren Lebenslauf zu hinterlegen und nach gewissen Kriterien zu verschlagworten. Auf dieser Basis können dann Arbeitgeber nach Kandidaten suchen und den geeigneten Kandidaten Stellenangebote unterbreiten. Manche Jobplattformen erlauben nicht den direkten Zugang zu den Kontaktdaten. Sie bieten Mailings an, die gezielt Stellenangebote an die passenden Profile zustellen. Erst wenn der Kandidat ein Interesse an der Stelle äußert, erhält das Unternehmen die Kontaktinformationen.

Lebenslaufdatenbanken eignen sich besonders

- für die gezielte Ansprache von potenziell interessierten Kandidaten
- für die Aktivierung von passiv suchenden Kandidaten durch ein attraktives Angebot
- bei geringem Bewerberaufkommen aufgrund des Stelleninserates

Lebenslaufdatenbanken in Deutschland

Die meisten Jobplattformen bieten Lebenslaufdatenbanken an.

4.2.4 Firmenwebseite

Die Mehrzahl der Bewerber informiert sich heute vor einer Bewerbung auf der Webseite des Unternehmens. Der Hauptzweck der Internetpräsenz im Bewerbermarketing ist somit die Information für bereits interessierte Stellensuchende. Für bekannte Firmen und attraktive Arbeitgeber ist der Stellenmarkt auf der eigenen Webseite aber durchaus auch ein Kanal, um Interessenten auf neue Stellenausschreibungen aufmerksam zu machen. Weitere Gestaltungshinweise finden Sie in Kapitel 5.1 (siehe S. 61) „Homepage des eigenen Unternehmens".

Nutzen der Firmenwebseite

Die Firmenwebseite eignet sich besonders, um

- bereits interessierte Stellensuchende zu einer Bewerbung zu animieren (Informationen zur Firma, Produkten, Arbeitsumfeld, Kollegen etc.)
- an einer Stelle Interessierte auf andere, evtl. passendere Angebote hinzuweisen
- allgemein an der Firma Interessierte auf Stellenangebote aufmerksam zu machen
- Stellenangebote über Suchmaschinen auffindbar zu machen ohne Inseratekosten
  (Erfolg ist stark abhängig von der Einstufung der Attraktivität der Seite durch Suchmaschinen, z.B. PageRank von Google)

In Kapitel 5.1.2 (siehe S. 70) „Karrierebereich" finden Sie Beispiele für Firmenwebseiten, die in dieser Hinsicht prämiert wurden.

4.2.5 Soziale Netzwerke

Soziale Netzwerke gewinnen zunehmend an Bedeutung im Bewerbermarketing, insbesondere für jüngere Zielgruppen. Nutzer verbringen viel Zeit in sozialen Netzwerken, gewisse Zielgruppen sogar mehr Zeit als beim Lesen oder Fernsehen.

Soziale Netzwerke kann man teilweise wie Privatfernsehen verstehen: Sie bieten Reality Shows mit Personen, die man kennt. Gleichzeitig haben sich soziale Netzwerke etabliert für das Treffen und Kontakthalten mit Freunden und Bekannten, als virtueller Ort zum „Kaffee Klatsch" bzw. zur „Wirtshausrunde", als Ort für den Austausch von Erlebnissen und als erste Anlaufstelle für Fragen.

Gleichzeitig haben Mitglieder in sozialen Netzwerken viele Informationen zu sich in ihrem Profil gespeichert und durch ihr Verhalten im Netz preisgegeben, sodass eine sehr gezielte Werbung und Ansprache möglich ist. Natürlich kann der Werbende nicht die Kontaktdaten der entsprechenden Personen kaufen, er kann aber Werbung bei diesen Personen schalten, und zwar genau bei der gewünschten Zielgruppe. Teilweise bieten Plattformen kontextrelevante Werbeschaltung an, d. h. man kann Werbung schalten bei Personen aus der Region X mit dem Beruf Y, die sich gerade über Z unterhalten.

Verbreitung von Informationen in sozialen Netzwerken

Mitteilungen von Benutzern in sozialen Netzwerken erreichen in der Regel eine große Anzahl an Lesern. Häufig sind die Privatsphäre-Einstellungen so gewählt, dass Freunde von Freunden ebenfalls die Nachrichten lesen können. Wenn also jemand ein Stellenangebot verbreitet oder einen positiven Bericht zu einem Unternehmen verfasst, so erreicht man damit nicht nur den ersten Nutzer sondern auch viele Freunde und Bekannte.

Nutzen von sozialen Netzwerken

Soziale Netzwerke eignen sich besonders für

- zielgruppen- und themenspezifische Werbung für offene Stellen
- Mund-zu-Mund-Verbreitung von Neuigkeiten und Stellenangeboten
- den Aufbau einer „Fan-Gemeinde", die man direkt ansprechen kann
- einfaches Kontakt-Halten mit ehemaligen Bewerbern oder Mitarbeitern

Relevante soziale Netzwerke in Deutschland[11]

- Facebook.com: 34 Millionen Besucher pro Monat
Weltweit größtes soziales Netzwerk, viele Anwendungen, Fan-Seiten.
Firmen und Agenturen richten Jobseiten oder Applikationen auf Facebook
ein, z. B. facebook.com/universaljob, tiny.cc/facebookbeknown, tiny.cc/face-
bookcoolestjob, branchout.com

- Twitter.com: 3.8 Millionen Besucher pro Monat
Plattform für Kurzmitteilungen, inzwischen auch für Bilder und Videos.
Firmen und Agenturen „twittern" Stellenangebote mit Link zum Inserat, z. B.
twitter.com/nytimesjobs, twitter.com/AxpoJobs

- Xing.com: 3.2 Millionen Besucher pro Monat
Im deutschsprachigen Raum stark verbreitetes geschäftliches Netzwerk.
Unter www.xing.com/jobs finden Sie einen eigenen Bereich für Stellen-
suchende.

- LinkedIn.com: 1.5 Millionen Besucher pro Monat
Weltweit größtes geschäftliches Netzwerk, versteht sich als Recruiting-Sei-
te. Unter www.linkedin.com/jobs finden Sie einen eigenen Bereich für
Stellensuchende.

- plus.Google.com: keine Zahlen erhältlich
Von Google vor kurzem lancierter Wettbewerber zu Facebook, stark wach-
send. Aktuell hat diese Plattform noch keine große Bedeutung für das
Bewerbermarketing.

Relevante soziale Medien in Deutschland[4]

- youtube.com: 31 Millionen Besucher pro Monat
Austausch von privaten und professionellen Videos und Filmen

- wordpress.com: 3.8 Millionen Besucher pro Monat
Internet-Tagebuch („Blog"), auf dem viele Benutzer längere Texte veröffentlichen

- flickr.com: 2.2 Millionen Besucher pro Monat
Austausch von Fotos und Bildern

- myspace.com: 1.8 Millionen Besucher pro Monat
soziales Netzwerk mit Schwerpunkt Musik

---

11 Trendzahlen aus dem Google Adplanner http://www.google.com/adplanner (teilweise von Google geschätzt), beziehen sich auf "unique visitors (users)" in der Region Deutschland für den Monat Juli 2011.

- competence-site.com: 58.000 Besucher pro Monat
  Kompetenz-Netzwerk im deutschsprachigen Raum

Ein Verzeichnis weiterer sozialer Netzwerke und Medien finden Sie unter tiny.cc/sozialemedien.

Fachliche Plattformen bzw. „Communities"

Soziale Netzwerke im Internet gibt es grundsätzlich seit es das Internet gibt. Zu vielen Themen haben sich Personen zusammengeschlossen, um sich fachlich auszutauschen und gegenseitig zu helfen. Diese fachlichen Plattformen sind meist sehr zielgerichtet ansprechbar. Auf diesen Plattformen sind meist Bannerwerbungen oder kontextspezifische Werbungen buchbar.

Beispiele

- Mütter: mamiweb.de, mamily.de, businessmamas.de, mamacommunity.de
- Programmierer: java.net, social.msdn.microsoft.com/Forums, wiki.rubyon-rails.org, sdn.sap.com
- Automechaniker: auto-board.info, motoso.de, carmondo.de
- Fachliche Gruppen auf Xing oder LinkedIn
  (z.B. „Ausbildung, Fortbildung, Weiterbildung", „Human Resources", „Know-How-Transfer Human Resource Management")

4.2.6 Suchmaschinen

Bei Suchmaschinen gibt es generell zwei Bereiche, in denen Informationen angezeigt werden. Der Hauptbereich ist derjenige, in dem Suchresultate angezeigt werden. Häufig befindet sich daneben und teilweise über dem Hauptbereich bezahlte Werbung, die mit dem Suchbegriff zusammenhängt. Somit bieten sich zwei Wege an, offene Stellen in Suchmaschinen zu bewerben:

Suchergebnisse

Je besser die eigenen Stelleninserate auf der eigenen Webseite aufbereitet und verknüpft sind, umso höher erscheinen diese in Suchergebnissen. Es gibt inzwischen eine ganze Branche, die Beratungsdienstleistungen in der Suchmaschinenoptimierung anbietet (SEO = Search Engine Optimisation). Für ein „normales" Unternehmen ohne ein äußerst spezifisches Stellenprofil wird es schwierig sein, in den Suchergebnissen gegen Jobplattformen und ähnliche

Anbieter anzukommen, die ebenfalls in Suchergebnissen mit relevanten Jobs ganz oben erscheinen wollen.

Werbung in Suchmaschinen

Bezahlte Werbung in Suchmaschinen kann günstig und effektiv sein, wenn man sie richtig einsetzt. Es lassen sich in der Regel klare Suchbegriffe festlegen, zu denen die Werbung angezeigt werden soll. Ebenso kann man Regionen und manchmal auch spezifische Benutzergruppen definieren. Meist zahlt man pro Klick eines Benutzers, der damit auf das eigene Stelleninserat geführt wurde. Wichtig sind hier ein guter und klarer Anzeigentext sowie eine ausgewogene Budgetstrategie. Eventuell hat bereits ihre Marketing-Abteilung Erfahrung mit Werbung in Suchmaschinen, andernfalls gibt es Beratungshäuser, die sich auf Suchmaschinen-Werbung[12] spezialisiert haben.

Weitere Informationen, wie Suchmaschinen als Instrument genutzt werden können, finden Sie unter Kapitel 5.3 (siehe S. 80).

Nutzen von Suchmaschinen

Suchmaschine eignen sich besonders

- für bezahlte Werbung für konkrete Stellenangebote,
- um passiv Suchende auf Chancen aufmerksam zu machen und
- für Suchergebnisse zu seltenen Berufsbildern ohne Inseratekosten.

Relevante Suchmaschinen in Deutschland[13]

- google.com/.de (93.8 %)
- bing.com/.de (1.4 %)
- t-online.de (1.1 %)
- yahoo.com/.de (0.7 %)

4.2.7 Ansprache aufgrund von Online-Profilen

Im Internet finden sich an verschiedenen Orten elektronische Profile von potenziellen Mitarbeitern. Soziale Netzwerke, insbesondere die geschäftlichen,

---

12 SEM (Search Engine Marketing).
13 Quelle: webtrekk, Stand Q3/2011.

lassen sich gut nach gewünschten Kompetenzen und Erfahrungen durchsuchen. Die Kontaktaufnahme erfolgt dabei meist über die vom Netzwerk zur Verfügung gestellten Möglichkeiten. Gewisse Netzwerke bieten spezielle Zugänge für Arbeitgeber und Vermittler an. Damit lassen sich Bewerber noch gezielter finden und ansprechen.

Zunehmend haben Personen einen Lebenslauf von sich im Internet eingestellt, entweder im Rahmen der eigenen Bewerbungsbemühungen, auf Webseiten zu Konferenzen und Tagungen, auf Firmenwebseiten oder um sich auf ihrer eigenen Homepage anderen vorzustellen. Die Suche über normale Suchmaschinen mit Begriffen wie „Lebenslauf"/„CV" und den gewünschten Kompetenzen führt meist zu solchen Profilen. In diesen Fällen bietet sich eine Kontaktaufnahme per E-Mail an.

Nutzen von Online-Profilen

Die Ansprache aufgrund von Online-Profilen eignet sich besonders

- für das Auffinden und Gewinnen von Personen mit spezifischen Kenntnissen,
- das Gewinnen von Personen, die weder aktiv noch passiv auf der Suche sind, sowie
- zur Verbreiterung des Netzwerkes in spezifischen Bereichen durch „Weiterfragen" („Können Sie jemanden mit ähnlichen Kompetenzen empfehlen?").

Zugang zu Online-Profilen

- geschäftliche Netzwerke, teilweise eigener Zugang für Suchende (siehe Kapitel 4.2.5 (siehe S. 45) „Soziale Netzwerke")
- fachspezifische Communities aufgrund von Diskussionsbeiträgen zu dem Thema
- Websuchen mit „Lebenslauf"/„CV" und den gewünschten Kompetenzen

4.2.8 Empfehlungen durch Bekannte

Bekannte und Freunde wissen häufig darüber Bescheid, wenn jemand auf Stellensuche oder mit dem aktuellen Job unzufrieden ist. Sie werden Stellenangebote weiterempfehlen oder zumindest darauf aufmerksam machen, weil sie der Person einen Gefallen tun und ihre Anteilnahme ausdrücken wollen. Manchmal kann es einfacher sein, Personen zu erreichen, die Bekannte oder Freunde der Zielgruppe sind, als die Personen der Zielgruppe selbst.

Empfehlungen durch Bekannte eignen sich besonders für

- schwer erreichbare oder wenig aufmerksame Zielgruppen
- stark umworbene Zielgruppen, deren Bekannte sich evtl. mehr informieren
- einen anderen Zugang in den bestehenden Kanälen (andere Botschaft)

Typische Beispiele sind

- Eltern von Absolventen
- erziehende Partner oder pensionierte Eltern von Arbeitstätigen
- jugendliche Kinder von berufstätigen Eltern
- Schulkollegen oder Kollegen von Erwachsenenfortbildungen

4.2.9 Ausblick: „kollektive" Personaldienstleistungen

Das Internet verändert viele Prozesse grundlegend. Früher buchte man Flüge im Reisebüro über einen Reisebüro-Experten. Heute kann jeder Konsument selbst Flüge im Internet buchen. Früher gab es Redaktionen zur Herausgabe von Enzyklopädien, heute kann jeder Internetbenutzer einen Artikel auf Wikipedia einstellen oder redigieren.

Genauso verändern sich die Prozesse der Personalberatungen. Viele der Leistungen, die früher nur Personalberatungen sinnvoll erbringen konnten, können heute durch das Internet ebenfalls von firmeninternen Recruitern erbracht werden, wie z.B. die Recherche nach guten Kandidaten (im Internet) oder der Aufbau eines Talentpools (im eigenen Bewerbermanagement).

Ein nächster Schritt ist das Einbeziehen von „normalen" Mitarbeitern und Internetbenutzern in das Personalmarketing und die Personalgewinnung. Versuche, die Intelligenz und das Wissen alle Internetnutzer für klassisches Personalmarketing und die Personalgewinnung einzusetzen, zeigen erste Erfolge. In diesem Bereich wird sich in den nächsten Jahren wahrscheinlich noch vieles verändern und entwickeln.

Nutzen von Personaldienstleistungen

„Kollektive" Personaldienstleistungen eignen sich besonders

- für experimentierfreudige Unternehmen,
- für Stellenangebote für Personen, die das Internet stark nutzen (Berater, Verkauf, IT),

▪ nachdem die üblichen Kanäle keinen Erfolg hatten und bevor man einen Personalberater beauftragt.

▶ Beispiel: Personaldienstleistungen im Internet

- jobleads.de
  Plattform, auf der Unternehmen Stellen ausschreiben und Prämien ausloben für erfolgreiche Empfehlungen.

- jobprize.com
  Plattform, auf der Jobsuchende ihren Lebenslauf hinterlegen und eine Belohnung bezahlen, sofern sie erfolgreich für einen Job empfohlen werden.

4.3   Online-Informationsquellen über den Arbeitgeber

Viele, insbesondere gut qualifizierte Bewerber informieren sich vor einer Bewerbung über den Arbeitgeber. Neben den klassischen Informationsquellen wie Bekanntheit, Marke, Broschüren, Produkte, Firmenbesuch, Bekannte, Zeitungsberichte, Messen und Veranstaltungen etc. gibt es seit dem Internet eine breite Palette von schnell und einfach aufrufbaren Quellen. Aus diesem Grund ist es wichtig, dass Unternehmen diese Quellen ebenfalls professionell betreuen und regelmäßig aktualisieren.

4.3.1 Firmenwebseite

Die Internetpräsenz eines Unternehmens besuchen knapp 90 % der Bewerber, um sich über den potenziellen Arbeitgeber zu informieren.[14] Folglich stellt die Firmenwebseite die wichtigste Informationsquelle für Bewerber dar. Sie ist erfreulicherweise eine, die das Unternehmen selbst aktiv gestalten und nutzen kann. Gerade für kleinere Unternehmen bietet die Firmenwebseite eine häufig noch nicht optimal genutzte Chance, sich den Bewerbern positiv und transparent darzustellen.

Personalverantwortliche sind gut beraten, gemeinsam mit den Marketingverantwortlichen des Unternehmens die Homepage des Unternehmens zu einer

---

14 Quelle: 3. Trend Report Online Recruiting Schweiz 2011, Prospective Media Services AG.

positiven Erfahrung für Bewerber zu gestalten. Hilfreiche Gestaltungshinweise finden Sie in Kapitel 5.1 (siehe S. 61) „Homepage des eigenen Unternehmens".

Nutzen der Firmenwebseite

Die Firmenwebseite eignet sich besonders für

- kostenlose Publikation offener Stellen,
- ausführliche Informationen über das Unternehmen,
- die Vorstellung der Personen hinter dem Unternehmen (Mitarbeiter, Geschäftsleitung),
- Mitarbeiterstimmen zum Unternehmen, den Aufgaben und der Unternehmenskultur,
- Hinweise zum Bewerbungsprozess.

In Kapitel 5.1.2 (siehe S. 70) „Karrierebereich" finden Sie Beispiele für Firmenwebseiten, die in dieser Hinsicht prämiert wurden.

4.3.2 Newsletter und Pressemeldungen

Neben den Grundinformationen zum Unternehmen, die eine Karriereseite des Unternehmens darstellt, geben Newsletter und Pressemeldungen einen Einblick in die aktuelle Entwicklung eines Unternehmens. Veröffentlichungen des Unternehmens sind also nicht nur für Kunden, Investoren und die Öffentlichkeit interessant, sondern ebenso für potenzielle Mitarbeiter. Besondere Veröffentlichungen des Unternehmens sollten direkt von der Karriereseite aufrufbar sein und den Interessenten ein dynamisches Bild des Unternehmens verschaffen.

Nutzen von Newsletter und Pressemeldungen

Newsletter und Pressemeldungen eignen sich besonders

- für die Darstellung der Entwicklung und der Zukunftsaussichten des Unternehmens sowie für die
- Kommunikation von Erfolgen im Markt und das
- Verständnis für die Hauptaktivitäten und Strategien.

Verwendung von Pressemeldungen

- direkte Aufrufbarkeit von Meldungen zum Unternehmen von der Karriereseite
- Auswahl von Bereichen, die besonders für Bewerber interessant sind

4.3.3 Berichterstattung über das Unternehmen

Die unabhängige Berichterstattung zu Unternehmen hat eine besondere Glaubwürdigkeit. Aus diesem Grunde sollten sich auch Personalverantwortliche darum bemühen, Medienberichte über das Unternehmen als Arbeitgeber zu erhalten. Dabei kommt es unter diesem Aspekt nicht in erster Linie darauf an, dass dieser Bericht in dem Medium selbst von möglichst vielen Bewerbern gelesen wird, sondern dass man auf diese Berichte von der eigenen Webseite verlinken kann.

Nutzen der (unabhängigen) Berichterstattung für das Unternehmen

Die Medienberichterstattung eignet sich besonders

- für die glaubwürdige Darstellung der Attraktivität als Arbeitgeber,
- für unabhängige Berichte zu den Entwicklungen des Unternehmens sowie
- um das Interesse von Bewerbern für das Unternehmen zu wecken.

Verwendung

- direkte Aufrufbarkeit der Berichte von der Karriereseite
- Auswahl von Berichten, die besonders für Bewerber interessant sind

4.3.4 Arbeitgeberbewertungen

Seit langem gibt es Arbeitgeberbewertungen, die durch Umfragen bei Studierenden oder Arbeitnehmern ganz allgemein durchgeführt werden. Häufig werden in diese Bewertungen lediglich größere und bekannte Unternehmen aufgenommen. Eine Platzierung in einzelnen dieser Bewertungen bietet Unternehmen jedoch eine große und positive Publizität. Für kleinere Unternehmen bieten sich Studien an, zu deren Teilnahme man sich anmelden kann.

In den letzten Jahren haben sich bei Arbeitgeberbewertungen neue Online-Plattformen entwickelt, auf denen einzelne Mitarbeiter das eigene oder ehemalige Unternehmen bewerten können. Diese Bewertungen erfahren bei Bewerbern zunehmendes Interesse, weil durch die Anonymität und direkte Einsehbarkeit einzelner Bewertung der Eindruck von Glaubwürdigkeit entsteht. Natürlich sind solche Bewertungen durchaus mit Vorsicht zu genießen, da diese leicht manipuliert werden können. Aber wie bei allen diesen Ansätzen geben der Trend und der Vergleich mit anderen Arbeitgebern einen guten Gesamteindruck.

Für Arbeitgeber bieten diese Plattformen meist die Möglichkeit, eigene Firmenprofile zu hinterlegen, Stelleninserate zu schalten oder zu einzelnen Bewertungen Stellung zu nehmen.

Nutzen von Arbeitgeberbewertungen

Arbeitgeberbewertungen eignen sich besonders

- für die unabhängige Darstellung der Attraktivität als Arbeitgeber,
- als Werbung für das Unternehmen bei Interessenten sowie
- zum Erkennen von Verbesserungspotential als Arbeitgeber.

▶ Beispiel: Im Internet veröffentlichte Arbeitgeberbewertungen

- Deutschlands 100 Top Arbeitgeber, Staufenbiel
  tiny.cc/100top

- Germany's Ideal Employers 2011, Universum
  tiny.cc/universumDE

- Absolventenbarometer, Trendence-Institut
  tiny.cc/top100-business, tiny.cc/top100-engineering,
  tiny.cc/top100-it

- Great Place to Work, Great Place to Work Institute
  tiny.cc/greatplaceDE

- CRF Research & Media
  tiny.cc/toparbeitgeberDE

- Top Job, compamedia
  tiny.cc/topjobDE

> **▶ Beispiel: Online-Bewertungsplattformen von Arbeitgebern**
>
> - kununu.com: Marktführer in Deutschland
>   27.800 bewertete deutsche Unternehmen
> - jobvoting.de: Schwerpunkt Deutschland
>   8.500 bewertete deutsche Unternehmen
> - kelzen.com: Internationale Plattform
>   1.230 bewertete deutsche Unternehmen
> - glassdoor.com/reviews: Internationale Plattform
>   394 bewertete deutsche Unternehmen

Verwendung

- Überwachung für Verbesserungsvorschläge
- Platzieren eines Unternehmensprofils und eventuell von Stelleninseraten
- Ermutigen zufriedener Mitarbeiter, eine ehrliche Bewertung abzugeben

4.3.5 Meinungen und Kommentare zum Unternehmen in sozialen Medien

Vor allem jüngere Bewerber beachten die Meinungen und Kommentare zu Unternehmen in sozialen Medien. Wenn Mitarbeiter oder ehemalige Mitarbeiter in „Online-Gesprächen" oder Mitteilungen über den Arbeitgeber berichten, so wird dies als besonders glaubwürdig wahrgenommen, insbesondere wenn es sich um Freunde, Bekannte oder Freunde von Freunden handelt.

Dieser Kanal ist für Unternehmen schwierig zu beeinflussen. Man kann zwar zufriedene Mitarbeiter bitten, positiv über das Unternehmen zu berichten, aber dies wird von Mitarbeitern in der Regel nicht gerne auf Aufforderung hin gemacht. Deswegen sollten Unternehmen bemüht sein, das tatsächliche Umfeld so zu gestalten, dass Mitarbeiter im Anlassfall gut über das Unternehmen berichten.

Als Unternehmen kann man die Meinungen in sozialen Medien beobachten und vereinzelt in Diskussionen einsteigen. Dabei ist es jedoch wichtig, glaubwürdig, ehrlich und authentisch zu sein.

Nutzen von Meinungsforen in sozialen Medien

Meinungsforen in sozialen Medien eignen sich besonders für

- das Beobachten der Einstellung zum Unternehmen,
- das Reagieren auf Trends sowohl im Unternehmen als auch über Stellungnahmen sowie für
- die sensible und vorsichtige Ermunterung von Mitarbeitern zu Stellungnahmen.

▶ **Beispiele für Beobachtungshilfen**

Es gibt unzählige Tools für „social media monitoring". Die dargestellte Auswahl erhebt keinen Anspruch auf Vollständigkeit, sondern soll lediglich einzelne Beispiele darstellen, welche Möglichkeiten aktuell bestehen.

- glerts.com: Aggregation von Meinungen auf Basis von Google Alerts
- netvibes.com: Markenbeobachtung auf Basis von Meinungen in sozialen Medien
- pipes.yahoo.com: Aggregation von Meldungen verschiedener sozialer Medien
- sysomos.com: Beobachtung von sozialen Medien inkl. Stimmungen, Beeinflussern
- radian6.com: Analyse von sozialen Medien inkl. Möglichkeit des Engagements
- bluereport.net: Beobachtung von 20.000 Quellen
- search.adtelligence.de: durchsucht öffentliche Facebook-Beiträge

4.3.6 Ergebnisse in Suchmaschinen

Als zweithäufigste Anlaufstelle für Informationen zum Unternehmen nutzen ca. 80 % der Bewerber Suchmaschinen.[15] Bewerber „googeln" das Unternehmen, um aus unterschiedlichen Quellen Informationen zum Unternehmen zu erhalten. Suchmaschinen finden in der Regel viele der oben erwähnten Quellen.

---

15 Quelle: 3. Trend Report Online Recruiting Schweiz 2011, Prospective Media Services AG.

Nutzen von Suchmaschinen

Ergebnisse in Suchmaschinen eignen sich besonders für

- das Identifizieren von potenziellen Informationsquellen für Bewerber,
- die Beobachtung von Informationen, die Bewerber bei der Suche finden,
- die Schaltung von Werbung für offene Stellen parallel zu den Suchergebnissen.

Verwendung

- „Googeln" Sie selbst nach dem Unternehmensnamen
- Schalten Sie Stelleninserate als Suchmaschinenwerbung

4.4 Zusammenfassung

Heute gibt es eine Vielzahl von Kanälen, über die Bewerber angesprochen werden können und über die sich Bewerber über das Unternehmen und offene Stellenangebote informieren können. Als Unternehmen muss man sich klar machen, welche Kanäle wichtig sind und in welche Kanäle man anlassbezogen oder kontinuierlich Zeit und Geld investieren möchte.

Informationsquellen für Bewerber

Informationsquellen	Besondere Eignung für
Klassische Informationsquellen	
Zeitungsinserate	▪ Fach- und Führungspositionen in hochwertigen Medien ▪ spezialisierte Stellenangebote in Fachmedien ▪ „Massenjobs" in Gratiszeitungen ▪ klassische Kleininserate lokaler Unternehmen ▪ Imagewerbung mit Hinweis auf Karriereseite
Plakate, Aushänge	▪ Ausbildungseinrichtungen, Schulen, Universitäten ▪ von der Zielgruppe häufig frequentierte Orte ▪ Orte, an denen die Zielgruppe häufiger wartet
Karriereveranstaltungen	▪ Absolventen-Marketing an Ausbildungseinrichtungen ▪ Imagepflege bei zukünftigen Arbeitskräften ▪ Spezialberufe, -branchen, -bereiche

Informationsquellen	Besondere Eignung für
Personalberatungen	▪ Stellen, die schwierig zu besetzen sind ▪ anonyme Stellenangebote ▪ aufwändiges oder kritisches Auswahlverfahren ▪ starker Selektionsprozess
Produkte, Dienstleistungen	▪ gut bekannte und attraktive Konsumgüter ▪ starke Unternehmensmarke ▪ schnell umschlagende Güter
Berichterstattung	▪ regionale Unternehmen ▪ besonders innovative/erfolgreiche Unternehmen ▪ Unternehmen in strukturschwachen Regionen
Arbeitskollegen, Umfeld	▪ lokale Arbeitsmärkte ▪ hohe Dichte an Unternehmen mit ähnlichem Stellenprofil ▪ spezialisierte oder eng verzahnte Branche
Familie und Freunde	▪ passiv Stellensuchende ▪ Leuten in Ausbildung ▪ Wiedereinsteiger
Online-Informationsquellen für Stellenangebote	
Allgemeine Jobplattformen	▪ fast jede Art von Stellenangeboten ▪ Stellenangebote an Personen zwischen 30 und 40 Jahren ▪ erster Versuch eines Inserates
Spezialisierte Plattformen	▪ spezielle Zielgruppen (nicht auf allgemeinen Plattformen) ▪ nächste Versuche nach allgemeiner Jobplattform ▪ falls spezialisierte Jobplattformen führend
Lebenslaufdatenbanken	▪ gezielte Ansprache von potenziellen Kandidaten ▪ Aktivierung von passiv suchenden Kandidaten ▪ bei geringem Bewerberaufkommen
Firmenwebseite	▪ Stellensuchende zu einer Bewerbung zu animieren Hinweis auf andere, evtl. passendere Angebote ▪ Interessierte auf Stellenangebote aufmerksam machen ▪ Stellenangebote über Suchmaschinen auffindbar machen
Soziale Netzwerke	▪ zielgruppen-/ themenspezifische Werbung für Jobs ▪ Mund zu Mund Verbreitung von Stellenangeboten ▪ Aufbauen einer „Fan-Gemeinde" ▪ Kontakt-Halten mit ehemaligen Bewerbern

Informationsquellen	Besondere Eignung für
Suchmaschinen	▪ bezahlte Werbung für konkrete Stellenangebote ▪ passiv Suchende auf Chancen aufmerksam machen ▪ generische Suchergebnisse zu seltenen Berufsbildern
Online-Profile	▪ das Auffinden von Personen mit spezifischen Kenntnissen ▪ das Gewinnen von nicht suchenden Personen ▪ „Weiterfragen" nach Empfehlungen von Kandidaten
Empfehlungen	▪ schwer erreichbare oder wenig aufmerksame Zielgruppen ▪ stark umworbene Zielgruppen über Bekannte ▪ ein anderer Zugang in den bestehenden Kanälen
„Kollektive" Suche	▪ experimentierfreudige Unternehmen ▪ Stellenangebote für Internet-affine Personen ▪ bevor man einen Personalberater beauftragt
Online-Informationsquellen über Arbeitgeber	
Firmenwebseite	▪ kostenlose Publikation offener Stellen ▪ ausführliche Informationen über das Unternehmen ▪ Vorstellung der Personen hinter dem Unternehmen ▪ Mitarbeiterstimmen zum Unternehmen ▪ Hinweise zum Bewerbungsprozess
Newsletter, Meldungen	▪ Darstellung der Entwicklung des Unternehmens ▪ Kommunikation von Erfolgen im Markt ▪ Verständnis für die Hauptaktivitäten und Strategien
Berichterstattung	▪ glaubwürdige Darstellung der Arbeitgeberattraktivität ▪ unabhängige Berichte zu den Firmenentwicklungen ▪ Wecken des Interesses von Bewerbern
Arbeitgeberbewertungen	▪ unabhängige Darstellung der Attraktivität als Arbeitgeber ▪ Werbung für das Unternehmen bei Interessenten ▪ Erkennen von Verbesserungspotential als Arbeitgeber
Meinungen auf Plattformen	▪ Beobachten der Stimmung zum Unternehmen ▪ Reagieren auf Trends (im Unternehmen, Stellungnahmen) ▪ sensible und vorsichtige Ermunterung von Mitarbeitern
Suchmaschinen	▪ Identifizieren von potenziellen Quellen für Informationen ▪ Beobachtung von Informationen, die Bewerber finden ▪ Schaltung von Werbung für offene Stellen

Tab. 3: Informationsquellen für Bewerber und besondere Eignung

5 Instrumente für ein erfolgreiches Bewerbermarketing

Die einzelnen Instrumente im Bewerbermarketing und der Mitarbeitergewinnung erfüllen häufig mehrere Funktionen. Je nach Ressourcen im Unternehmen, der Zielsetzung im Bewerbermarketing und der Schwierigkeit, Bewerber zu gewinnen, muss den Instrumenten mehr Aufmerksamkeit geschenkt werden. Auf den folgenden Seiten erfahren Sie, wie Sie diese Instrumente optimal einsetzen.

Zentrale Instrumente im Bewerbermarketing

- eigene Homepage
- Stelleninserate
- Suchmaschinen
- soziale Netzwerke und Medien
- Werbung nach innen
- Empfehlungen
- Bewerbermanagement
- Tests
- Vorstellungsgespräch
- eigenes Unternehmensnetzwerk

5.1 Homepage des eigenen Unternehmens

Fast jeder Bewerber besucht vor einer Bewerbung oder während des Bewerbungsprozesses die Homepage des Unternehmens. Aus einer Erhebung unter Bewerbern ergaben sich folgende Informationswünsche.

Informationswünsche in absteigender Wichtigkeit[16]

- Beschreibung der Job-Profile
- Unternehmenskultur
- direkte Kontaktmöglichkeiten
- Bewerbungsprozess
- Blick hinter die Kulissen
- Fotos von Mitarbeitenden
- Bewerbungstipps
- Online-Videos

5.1.1 Einstieg direkt von der Hauptseite

Die Webseite sollte idealerweise so gestaltet sein, dass man mit einem Klick direkt von der Einstiegsseite zum Karrierebereich gelangt. Wenn also ein Bewerber die Internetadresse des Unternehmens im Browser eingibt, sollte er auf den ersten Blick einen Link mit einer klaren Bezeichnung finden, der in den Bewerberbereich führt.

Typische Bezeichnungen dieses Links sind: „Jobs", „Stellen", „Karriere", „Jobs und Karriere", „Stellen und Karriere". Die Bezeichnung „Karriere" bietet sich insbesondere bei umfangreichen Informationsseiten an, „Jobs" oder „Stellen" bei Bereichen, die auf konkrete Stellenangebote fokussieren. Die Verlinkung finden Sie entweder direkt in der Hauptnavigation der Webseite oder in der Spezialnavigation bzw. den Links im Kopfteil, die häufig Kontakt und Sprachwechsel anbieten. Unternehmen, deren Webseite gleichzeitig das Produkt ist und die deshalb alle Links für ihre Kunden optimieren, finden sich Karrierelinks meist im Fußbereich der Seite.

Die folgenden Bildschirmfotos zeigen beispielhaft, wo der Karrierebereich auf der Hauptseite verlinkt sein kann (siehe Pfeil).

---

16 Quelle: 3. Trend Report Online Recruiting Schweiz 2011, Prospective Media Services AG.

Abb. 8: Karriere-Link in der Hauptnavigation (holcim.com)

Abb. 9: Karriere-Link in der Spezialnavigation (siemens.com)

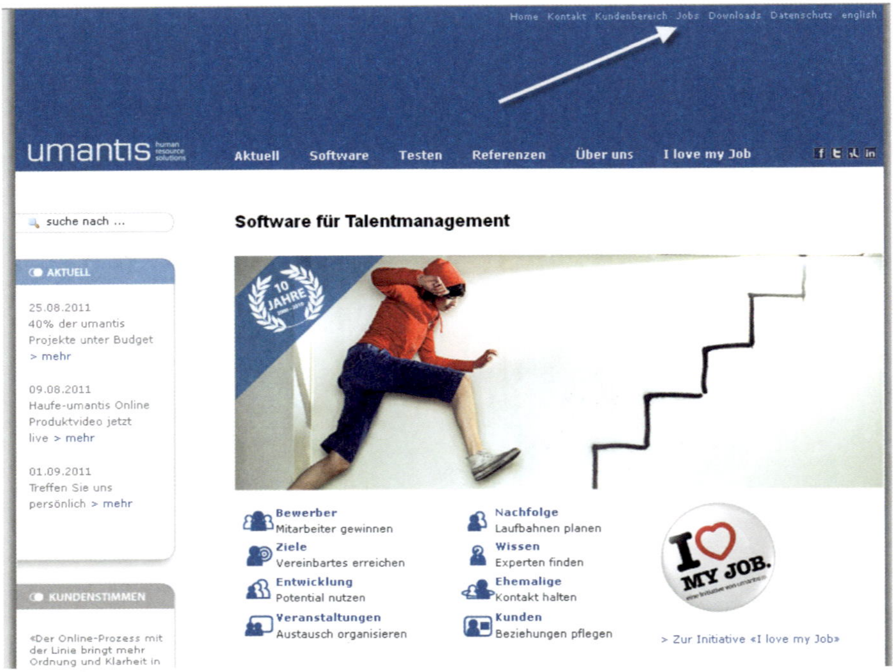

Abb. 10: Jobs-Link im Kopfbereich der Homepage (umantis.com)

Abb. 11: Karriere-Link im Fußbereich der Homepage (xing.com)

5.1.2 Gestaltung des Karrierebereichs auf der Homepage

Nach dem Klick auf den Link zum Karrierebereich sollten Bewerber alle relevanten Informationen in einem guten Überblick sehen – und idealerweise auch bereits die aktuellen Stellenangebote zumindest in einem kleinen Vorschaufenster.

Elemente des Karrierebereichs

Je nachdem, wie groß das Unternehmen ist und wie viel Ressourcen das Unternehmen in diesen Bereich investieren kann, enthält der Karrierebereich verschiedene Elemente:

Offene Stellen oder ein Vorschaufenster auf die neuesten offenen Stellen
Dies ist für Bewerber der wichtigste Bereich, der nicht hinter vielen Links versteckt sein sollte. Die Darstellung der aktuellen Stellenangebote zeigt Bewerbern, dass sie am richtigen Ort sind, und bewirbt vielleicht gerade ein Stellenangebot, das für den Besucher interessant sein könnte.

Einfache Suchmöglichkeit für die Suche nach offenen Stellen

Sofern ein Unternehmen mehr als ein Dutzend offener Stellen ausgeschrieben hat, sollte eine einfache Suchmaske direkt auf der ersten Seite einen schnellen Zugriff auf interessante Stellenangebote ermöglichen. Kompliziertere Suchmöglichkeiten sind als „erweiterte Suche" anzubieten, die man neben oder unter den einfachen Suchmöglichkeiten verlinkt.

Einrichten einer Benachrichtigung für neue Stellenausschreibungen

Für Bewerber, die keine passende Stelle gefunden haben oder sich noch in einer unkonkreten Suchphase befinden, bietet sich ein Jobabonnement an. Durch Auswahl eigener Suchkriterien und die Hinterlegung der E-Mail-Adresse erhalten Bewerber automatisch passende neue Stellenangebote zugesandt. Auf diese Weise baut sich quasi von alleine ein Pool von Bewerbern auf, die an dem Unternehmen interessiert sind und sich bei passenden Stellenangeboten bewerben werden.

Anreißer und/oder Verlinkungen zu wichtigen Informationen

Nachdem sich Bewerber über offene Stellen informiert haben, möchten sie wissen, ob sie zu dem Unternehmen passen bzw. das Unternehmen ihren Vorstellungen entspricht. In größeren Unternehmen kann man diese Informationen nach Zielgruppen aufteilen, z.B. Schüler, Lehrlinge, Studierende, Berufseinsteiger, Berufserfahrene. In kleineren Unternehmen genügt ein allgemeiner Bereich, der die wichtigsten Informationen beinhaltet.

Die folgenden zwei Bildschirmfotos zeigen beispielhaft, wie der Karrierebereich auf den Webseiten von Bertelsmann und umantis aufgebaut sind.

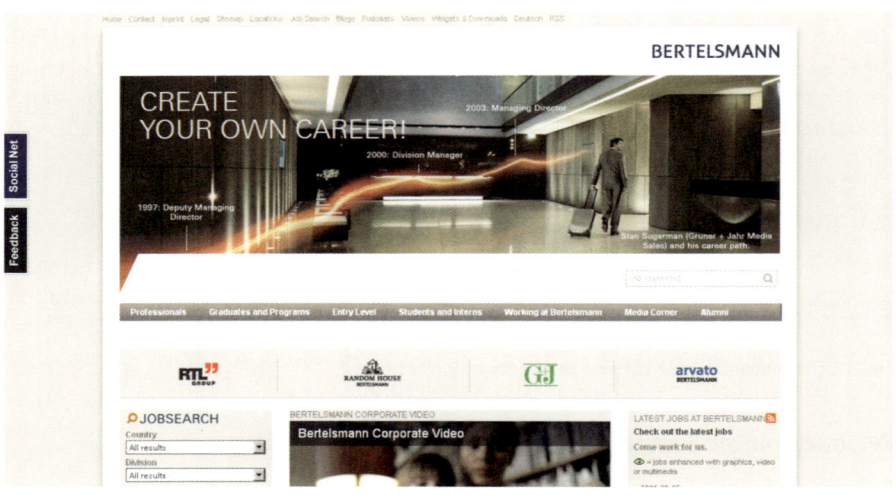

Abb. 12: Beispiel für einen umfangreichen Karrierebereich (bertelsmann.com bzw. createyourowncareer.com)

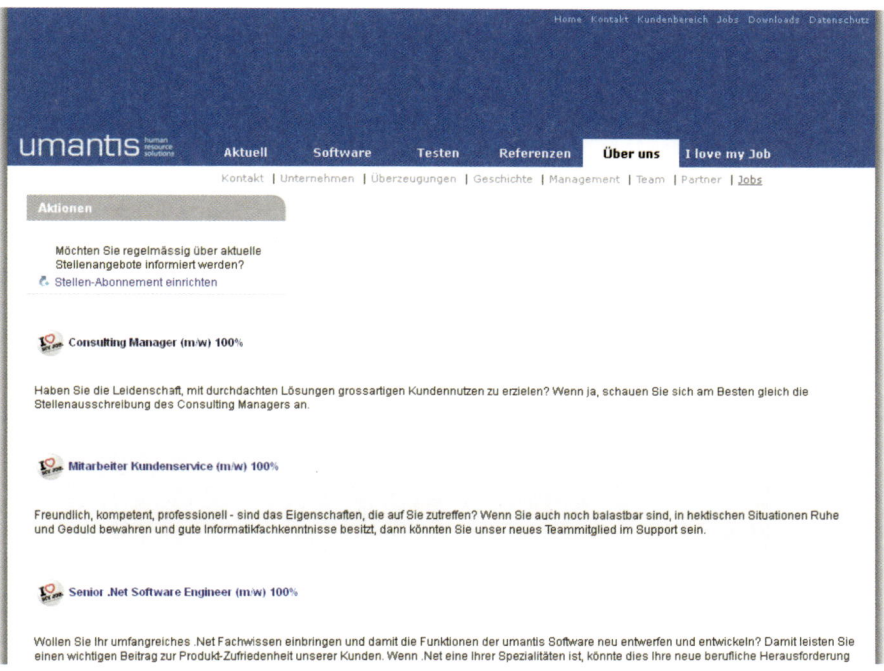

Abb. 13: Stellenmarkt für ein kleineres Unternehmen (umantis.com)

Personen hinter dem Unternehmen/Unternehmenskultur

Bewerber möchten sich ein Bild davon machen, mit wem sie zusammenarbeiten werden, weil dies häufig ein wichtiges Entscheidungskriterium ist.
Die meisten Webseiten bieten bereits Bilder und Kurzlebensläufe der Geschäftsleitung. Wichtig sind jedoch auch Bilder und Stimmen „normaler"
Mitarbeiter.

Videointerviews mit Mitarbeitern

Aufwändigere Lösungen sind Videointerviews mit Mitarbeitern. Online-Videos werden aktuell von Bewerbern aber nicht sehr geschätzt. Gemäß dem 3. Trend Report Online Recruiting Schweiz 2011, Prospective Media Services AG, wünschen nur etwas mehr als 10 % der Bewerber Online-Videos. Wahrscheinlich ist der Zeitaufwand für das Ansehen des Videos im Vergleich zum Informationswert zu hoch. Zudem wirken solche Videos aufgrund der professionellen Erstellung mit redigierten Texten selten authentisch. Pragmatischere Lösungen sind Fotos von Mitarbeitern, verbunden mit kurzen Stellungnahmen zum Unternehmen und der Unternehmenskultur. Die Art und Weise der Aufmachung verrät Bewerbern einiges zur Unternehmenskultur, was ein weiteres wichtiges Kriterium für die Wahl des Arbeitgebers ist.

Die folgenden zwei Abbildungen zeigen beispielhaft, wie Allianz und umantis ihre Mitarbeiter auf der Unternehmenswebseite präsentieren.

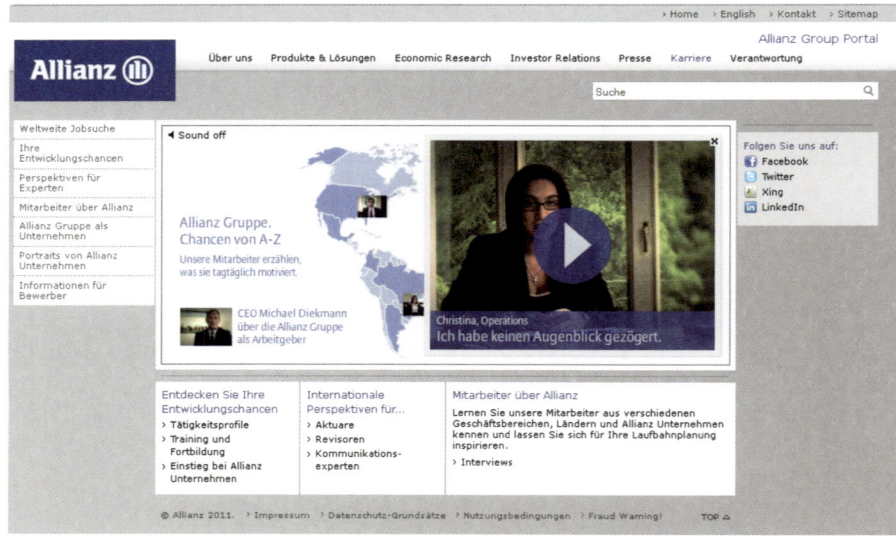

Abb. 14: Vorstellung von Mitarbeitern mithilfe von Videos (allianz.com)

5

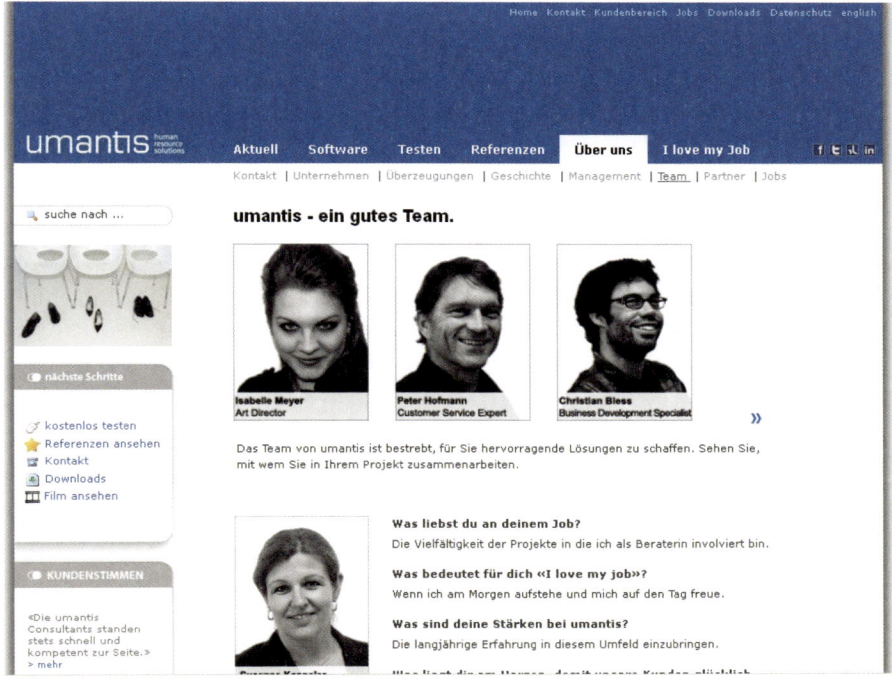

Abb. 15: Vorstellung von Mitarbeitern mithilfe von Bildern und Mitarbeiterstimmen (umantis.com)

Informationen über das Unternehmen

Zu den Informationen, die Bewerber besonders interessieren, zählen aktuelle Neuigkeiten und wirtschaftliche Kennzahlen (Unternehmensgröße, Standorte, Umsatz und Gewinn), Unternehmensgeschichte, Werte und Überzeugungen, unabhängige Berichte über die Entwicklung und die Zukunftsaussichten des Unternehmens, Produkte und Dienstleistungen sowie Kunden.

Hinweise zum Bewerbungsprozess

Insbesondere bei größeren Unternehmen mit klar strukturierten Auswahlprozessen ist es für Bewerber hilfreich zu wissen, wie die konkreten Schritte aussehen und was dabei jeweils erwartet wird. So ist es z.B. bei Beratungsunternehmen nicht unüblich, dass Beispiele der ausführlichen Tests über die

Webseite zur eigenen Vorbereitung eingesehen werden können. Die Darstellung der zu erwartenden Zeitdauer und die verschiedenen Stufen des Auswahlprozesses erlauben Bewerbern, die eigenen Erwartungen darauf einzustellen.

> **▶ Beispiel: Prämierte Unternehmenswebseiten[17]**
>
> - Allianz: www.allianz.com/de/karriere
> - Bertelsmann: createyourowncareer.de
> - Dt. Telekom: telekom.com -> Karriere
> - Fresenius: karriere.fresenius.de
> - Holcim: holcim.com/en/careers.html
> - Nestlé: nestle.com/Jobs
> - Thyssen Krupp: karriere.thyssenkrupp.com
> - Siemens: www.siemens.com/jobs
> - Roche: careers.roche.com

> **▶ Beispiel: Die Internetpräsenz von umantis**
>
> Die Homepage von umantis – ein Unternehmen des Verfassers – bietet unter umantis.com/jobs offene Stellen mit Anreißertext und der Möglichkeit zur direkten Online-Bewerbung. Unter umantis.com/de/113/Team.htm findet der Bewerber Fotos und persönliche Texte vom Team. Einen Eindruck von den Werten und Überzeugungen des Unternehmens erhält der Bewerber auf umantis.com/de/198/Ueberzeugungen.htm.

5.1.3 Exkurs: Der Nutzen von Arbeitgeber-Videos

Arbeitgeber-Videos werden meist mit einem hohen zeitlichen und finanziellen Aufwand erstellt. Dennoch ist die Akzeptanz von und der Wunsch nach Unternehmensvideos bei Bewerbern gering. Betrachtet man selbst verschiedene Arbeitgeber-Videos, so versteht man schnell warum. Die meisten Videos sind so „professionalisiert", dass der eigentliche Zweck, nämlich einen Blick hinter

---

17 Quelle: Top Career Websites 2011 (tiny.cc/topwebsites) und eigene Forschung.

die Kulissen zu erlauben, gerade verfehlt wird: Professionelle Sprecher, gestellt vorgetragene, eingeübte Texte, selten ein Blick in aktuelle Arbeitsumgebungen. Die Videos wirken eher wie Image-Videos, sie erlauben kein authentisches Kennenlernen des Unternehmens, zukünftiger Kollegen und Vorgesetzter sowie der spezifischen Arbeitsumgebung mit ihren Ecken und Kanten.

Falls Sie Unternehmensvideos auf Ihrer Homepage einbinden wollen, so sollten Sie darauf achten, dass diese nicht gestellt wirken. Idealerweise verwenden Sie zwar ein professionelles Filmteam aber keine professionellen Sprecher. Versuchen Sie aus mehr oder weniger spontanen Antworten auf Fragen an Mitarbeiter eine Sequenz von möglichst authentischen Aussagen zusammenzustellen. Dabei dürfen durchaus auch kleinere Versprecher in den Texten bleiben. Unterlegen Sie diese Aussagen mit nicht gestellten Videosequenzen von Mitarbeitern an ihrem Arbeitsplatz, in Pausensituationen und auch eingebunden in die tatsächliche Arbeitsumgebung. Zeigen Sie auch, warum Ihre Firma besonders ist, was sie herstellt und was sie bewegt. Das Video sollte nicht länger als 2:30 Minuten sein. Dies ist die typische maximale Videolänge für ein erstes Kennenlernen.

> **⊙ Tipp: So wirken Online-Videos besonders authentisch**
>
> Lassen Sie Mitarbeiter in ihrer Muttersprache und auch in ihrem Dialekt sprechen. Wenn Sie das Video über die Sprachgrenze hinaus verwenden möchten, so können Sie die Aussagen mit Untertiteln „übersetzen". Es ist viel wichtiger, dass Betrachter einen authentischen Eindruck von den vorgestellten Mitarbeitern erhalten, als jedes Wort 1:1 zu verstehen.

Zehn Empfehlungen für das Erstellen von Arbeitgeber-Videos

- Planen Sie genug Zeit und finanzielle Ressourcen ein (typischerweise mindestens mehrere Vorbereitungstage, einen Dreh-Tag und mindestens 10.000 Euro, teilweise deutlich mehr).
- Nutzen Sie ein professionelles Filmteam, „normale" Mitarbeiter und typische Umgebungen.
- Verwenden Sie als Sprecher ausschließlich Mitarbeiter und keine professionellen Sprecher.
- Bitten Sie Mitarbeiter so zu sprechen, wie Sie normalerweise während der Arbeit mit Kollegen sprechen.

- Führen Sie mit Mitarbeitern ein möglichst ungezwungenes Gespräch, in dem Sie mehrere Fragen stellen.
- Mischen Sie Sequenzen von guten Elementen spontaner Mitarbeiter-Antworten zu einem authentischen Arbeitgeber-Bild.
- Hinterlegen Sie die Aussagen mit Video-Sequenzen, die tatsächliche Situationen am Arbeitsplatz oder in der Pause darstellen.
- Stellen Sie typische Arbeitsumgebungen vor, sowohl in Großaufnahmen als auch einzelne authentische Arbeitsplätze.
- Zeigen Sie auch, was Ihre Firma macht und worauf man stolz sein kann – entweder als Vorspann oder eingebettet in Szenen.
- Begrenzen Sie die Länge des Videos auf maximal 2:30 Minuten.

Ein hervorragendes Beispiel für ein solches Video, das professionell und dennoch authentisch ankommt, ist folgendes Video von Google:

Abb.: Szenen aus einem Google Arbeitgeber-Video (tiny.cc/WorkAtGoogle)

Ein ebenso sehr gutes Beispiel ist von Schindler, auch und wahrscheinlich weil es in Schweizer Mundart aufgenommen ist:

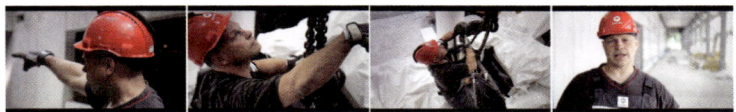

Abb.: Szenen aus einem Schindler Arbeitgeber-Video (tiny.cc/MonteurBeiSchindler)

5.2 Stelleninserate

Stelleninserate sollten je nach Medium unterschiedlich gestaltet werden. Diese Forderung steht häufig im Spannungsfeld mit dem einheitlichen visuellen Auftritt, der „Corporate Identity" eines Unternehmens.

Medien mit unterschiedlichen Stelleninseraten

- Printmedien
- Inserate auf Jobplattformen und Recruiting-Netzwerken
- Stellenangebote auf der eigenen Homepage
- Werbung in Suchmaschinen und allgemeinen sozialen Netzen

5.2.1 Inserate in Printmedien

In Printmedien ist der verwendete Platz das beschränkende Kriterium. Darüber hinaus steht das Inserat häufig in direktem Wettbewerb mit anliegenden Inseraten. Deshalb muss ein Printinserat visuell auffallen. Der Stellentitel sollte in weniger als einer Sekunde für den Betrachter erfassbar sein und ansprechen. Es geht dabei heute in erster Linie darum, das Interesse zu wecken und den Bewerber für weiterführende Informationen auf die Homepage des Unternehmens zu verweisen. Dafür bieten sich heute sprechende Kurzlinks an, die man sich einfach merken kann (z.B. www.company.com/entwicklungsleiter) oder sogenannte Quick-Response-Codes (QR-Codes), zweidimensionale Strichcodes, mit denen man Internetadressen für ein Handy lesbar macht. Die folgende Abbildung zeigt die Funktionsweise dieser QR-Codes:

Abb. 16: Funktionsweise von Quick-Response-Codes (wikipedia.org)

In Printmedien kann der visuelle Auftritt des Unternehmens gut berücksichtigt werden. Farben, Schriftarten, Bildwelten, Gestaltungslinien und vieles andere erlauben die bewusste Gestaltung der Stellenanzeige.

5.2.2 Inserate auf Jobplattformen und in Recruiting-Netzwerken

Das Wichtigste bei Inseraten auf Jobplattformen oder Recruiting-Netzwerken wie Xing oder LinkedIn ist ein aussagekräftiger und ansprechender Titel. Auf Jobplattformen kann man sich meist graphisch nicht stark abheben. Einzig bieten inzwischen Jobplattformen die Buchung von präferierten Platzierungen und die Einblendung des Firmenlogos als Zusatzleistung. Der Titel sollte deshalb in jedem Fall aussagekräftig sein, nicht zu lang und ansprechend. Man sollte ebenso viel Zeit auf das Formulieren eines guten Titels verwenden wie auf das restliche Inserat. Der Titel entscheidet maßgeblich, ob ein Inserat überhaupt beachtet wird.

▶ **Beispiel: Aussagekräftige und weniger gelungene Titel für Inserate**

- + „Verkaufsleiter/-in Mitglied der Geschäftsleitung"
  (attraktive Positionierung)
  + „Verkaufsleiter und Stv. des Regionalleiters NRW"
  (attraktiver formeller Zusatztitel)
  - „Regionale/r Verkaufsleiter/-in Berlin und Umgebung"
  (Region unnötig, da als Suchkriterium angezeigt)
  - „Verkaufsleiter/-in"
  (zu wenig Differenzierung)
- + „HR Manager – Your challenge in a global project"
  (globale Herausforderung)
  + „HR-Persönlichkeit"
  (spricht auf persönlicher Ebene an)
  ~ „eigeninitiative, kommunikationsstarke Personalfachperson"
  (Innensicht)
  - „HR-Manager (w/m)"
  (zu wenig Differenzierung)

Es empfiehlt sich, vor Platzierung des eigenen Inserates konkurrierende Stellen-ausschreibungen anderer Unternehmen auf Jobplattformen durchzulesen. Man bemerkt sehr schnell, welche Titel aussagekräftig und ansprechend sind und welche nicht. Das Kopieren und Weiterentwickeln guter Ideen ist keine Schan-de, im Gegenteil. In den Titel muss man keine Informationen aufnehmen, die sich bereits durch Suchkriterien erschließen lassen (z. B. Region). Und im Titel ist es besser, die Jobbezeichnung durch ein Angebot attraktiver zu gestalten (z. B. gute Positionierung, interessante Aufgaben) als ihn durch eigene Aus-wahlkriterien zu ergänzen (z. B. Sprachkenntnisse, Persönlichkeit).

Wenn die Jobplattform anbietet, einen Kurztext als Anreißer zu verfassen, der bei den Suchergebnissen zur weiteren Beschreibung des Stellenangebotes dient, dann sollte man diesen Text mit großer Sorgfalt formulieren. Dieser Text sollte wie bei Zeitungsartikeln einen guten Überblick über das Stellenin-serat geben und alle Gründe enthalten, warum man weiterlesen (d.h. rein-klicken) soll. Insbesondere geht es dabei um das Angebot (Aufgabe und „wir bieten") und nicht um die Kriterien für die Auswahl ("Sie sind", "Sie bringen mit").

Zusätzlich ist eine gute Zuweisung auf die Kriterien für die Stellensuche wichtig. Die meisten Jobplattformen bieten Kriterien wie Region, Art der Anstellung (Vollzeit, Teilzeit etc.), Funktionsbereich (z.B. Entwicklung, Administration, Verkauf) und weitere Kriterien (z.B. Position, Branche, Ausbildung, Gehaltsvorstellung) an.

Gestaltung von Online-Inseraten

Das Inserat selbst sollte nicht wie eine Printanzeige gestaltet sein. Im Internet möchte man nicht lange auf das Laden von Seiten warten. Aus diesem Grund ist ein PDF-Inserat, das einige Zeit zum Laden benötigt, weniger gut geeignet als ein reines webbasiertes Inserat (HTML). Die Texte in Online-Inseraten sollten keine langen Fließtexte enthalten und eher mit Aufzählungen knapp und prägnant Aufgaben, Leistungen und Voraussetzungen darstellen.

Online-Inserate sind vom Platz her nicht besonders eingeschränkt. Abgesehen davon, dass die Inserate schnell erfassbar und nicht zu umfangreich sein sollten, können sie doch einiges an Information bieten, falls Bewerber sich ein genaueres Bild über die Stelle verschaffen wollen.

Als Abschluss des Inserates sollte ein Link direkt zu den Bewerbungsmöglichkeiten führen. Heute schätzen Bewerber die Möglichkeit, sich elektronisch zu bewerben, wenn der Prozess nicht zu aufwändig ist.

Das folgende Bildschirmfoto gibt dafür ein Beispiel.

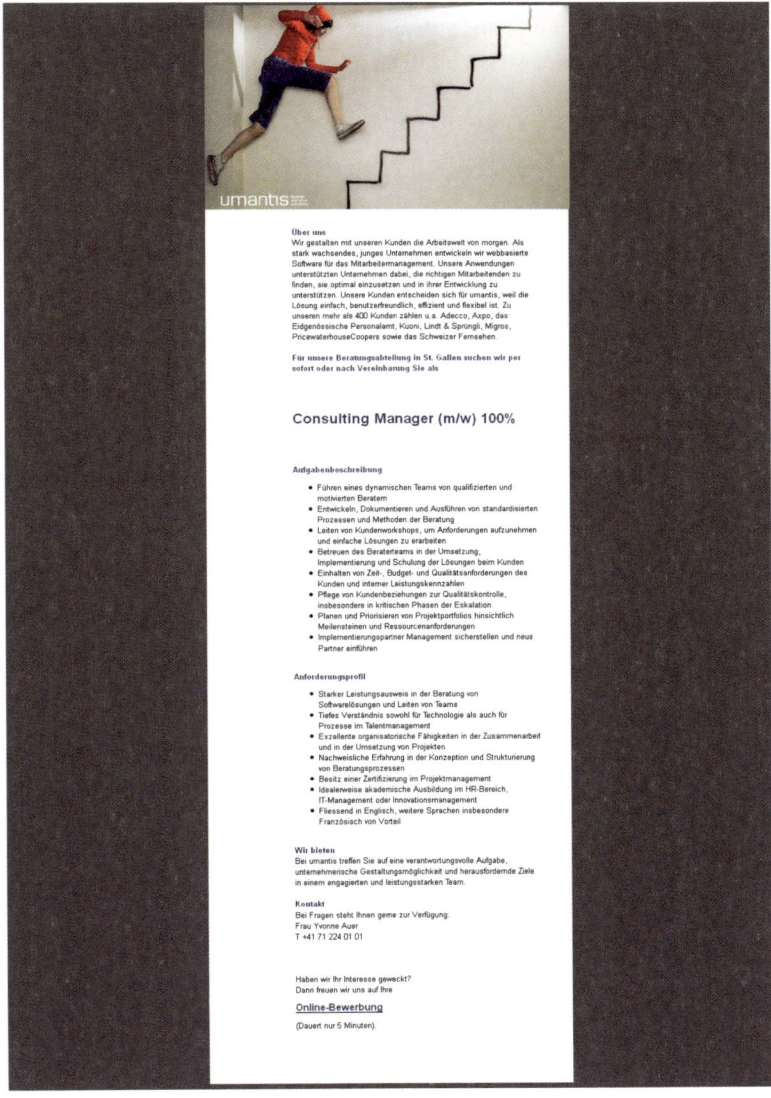

Abb. 17: Beispiel eines Online-Stelleninserates (umantis.com)

5.2.3 Stellenangebote auf der eigenen Homepage

Grundsätzlich gelten dieselben Gestaltungshinweise für Stelleninserate auf der eigenen Homepage wie auf Jobplattformen. Da die Einbindung der Stelleninserate auf der eigenen Homepage aber meist durch das Unternehmen selbst gestaltet wird, soll darauf noch näher eingegangen werden.

> **⊙ Tipp: Verstecken Sie Ihre Stellenangebote nicht**
>
> Bereits auf der Einstiegsseite des Karrierebereichs der Unternehmenswebseite sollten konkrete Stellenanzeigen sichtbar sein. Eine schlechte Praxis ist es, zuerst eine umfangreiche Suchmaske anzubieten – oder Bewerber zur Auswahl einzelner Regionen zu „zwingen", bevor sie konkrete Stellenangebote sehen. Dies reduziert die Attraktivität des Karrierebereiches stark und vermittelt den Eindruck eines bürokratischen und überstrukturierten Unternehmens.

Ebenso sollte die Liste der Stellenangebote attraktiv und übersichtlich dargestellt sein. Die Titel sollten klar lesbar sein und ein Anreißer Lust auf mehr machen. Schlechte Praxis hier sind tabellarische Darstellungen der Stellenangebote sowie die Verlinkung der Stellenangebotsnummer anstatt des Titels. Die Darstellung von Angeboten auf vielbesuchten Webseiten wie amazon.com oder der Produktsuche von Google (google.com/shopping) sind ein gutes Beispiel, wie Angebote attraktiv dargestellt werden können.

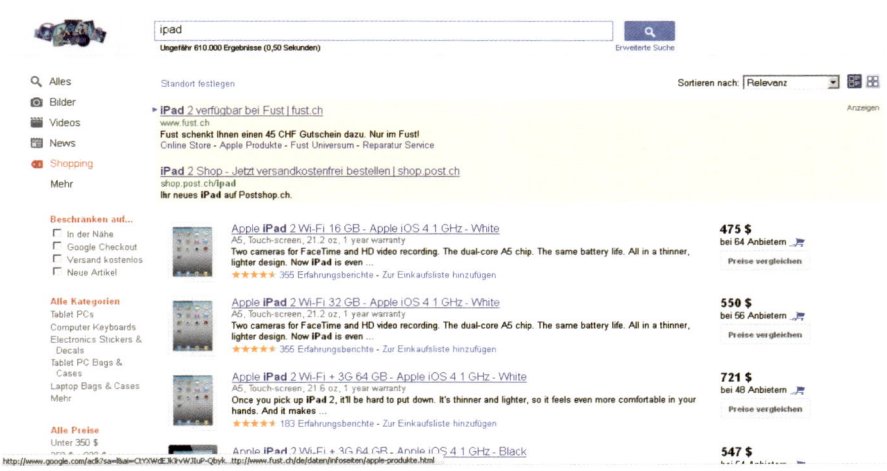

Abb. 18: Darstellung von Angeboten (google.com/shopping)

Viele Unternehmen nutzen heute Bewerbermanagementsysteme, die einen Stellenmarkt für die Unternehmenshomepage anbieten. Meist entsprechen diese Stellenmärkte den wichtigsten Kriterien. Mehr dazu in Kapitel 5.7 (siehe S. 89) „Vorteile eines professionellen Bewerbermanagement".

5.2.4 Werbung für offene Stellen in Suchmaschinen und sozialen Netzwerken

Werbung in Suchmaschinen und sozialen Netzen ist ein Sonderfall von Inseraten. Häufig können nur eine begrenzte Anzahl von Zeichen verwendet werden und nur selten ein kleines Bild. Somit sollte man diese „Inserate" eher als Werbung zu einem Inserat verstehen als das Inserat selbst. Mit dem Klick auf die Werbung gelangen Bewerber zum „eigentlichen" Stellenangebot. Auf die Gestaltung dieser Werbung wird in den folgenden Kapiteln noch genauer eingegangen.

Gewisse Unternehmen nutzen aber selbst diese beschränkten Text- und Bildmöglichkeiten bereits für vollständige Inserate, auf die man sich direkt bewerben kann – eventuell sogar mit dem Profil aus dem sozialen Netzwerk. Diese Art der Kurzinserate bietet sich für klare Berufsbilder an, die keiner weiteren

Erläuterung bedürfen, beispielsweise Kellner/-in, Kassierer/-in, Parkraumbe-
wirtschafter/-in etc. und für Unternehmen, die eine hohe Bekanntheit und
gute Reputation genießen.

5.3 Werbung in Suchmaschinen

Suchmaschinen, insbesondere Google in Deutschland, sind für eine große
Anzahl von Internetnutzern der Einstieg in das Internet. Viele Unternehmen
bewerben direkt neben den Suchergebnissen Produkte oder Dienstleistungen,
die mit den Suchbegriffen in Verbindung stehen. Diese Werbemöglichkeit lässt
sich auch für Stelleninserate nutzen.

So setzen Sie Werbung in Suchmaschinen ein

- Werbung neben den Suchergebnissen, die direkt auf Stelleninserate verlinken
- Werbung im Werbenetzwerk von Suchmaschinen und anderen Vermarktern,
  die auf inhaltlich passenden Seiten publiziert werden, z.B. Webtagebücher,
  Informationsseiten, Communities etc.
- generische Suchresultate, sofern das Unternehmen über von Suchmaschinen
  als attraktiv eingeschätzte Webpräsenz verfügt und eine sehr spezifische
  Stelle ausschreibt

Die folgende Abbildung zeigt Werbung für Stellenangebote der Allianz.

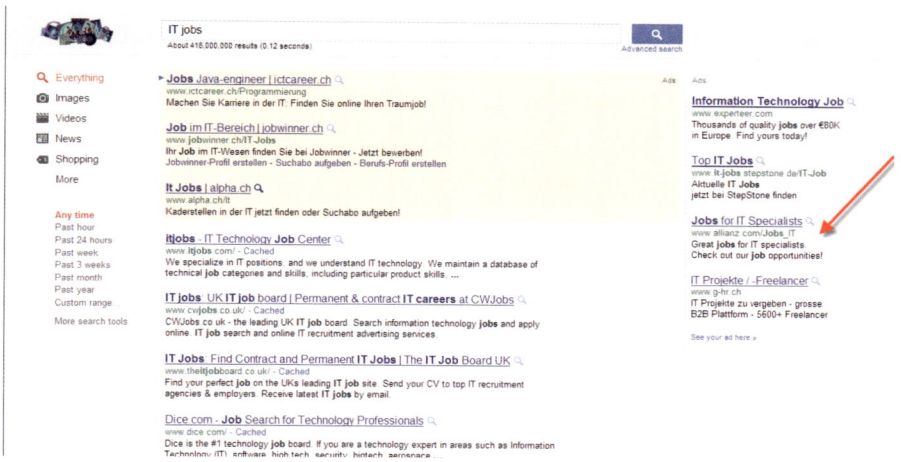

Abb. 19: Werbung für Stellenangebote der Allianz auf google.com

Die Einrichtung einer entsprechenden Kampagne wird von Google durch AdWords (google.com/adwords) unterstützt. Andere Suchmaschinen bieten ähnliche Programme. Darin lassen sich die gewünschten Suchbegriffe definieren, neben denen die Werbung geschaltet werden soll. Die Anzeige der Werbung lässt sich auf einzelne Regionen oder Netzwerke von Seiten einschränken oder zum Beispiel auf gewisse Uhrzeiten. An welcher Stelle die Werbung erscheint, hängt ab von dem Preis, den man pro Klick bereit ist zu zahlen, von den Preisgeboten der Mitbewerber beim gleichen Suchbegriff und der Wahrscheinlichkeit, dass ein Benutzer bei diesem Suchbegriff auf die formulierte Werbung klickt („click through rate"). Man bezahlt diesen Preis nur, sofern jemand auf das Inserat klickt und damit an die im Inserat definierte Internetadresse geleitet wird. Und man bezahlt nur so viel, wie der nächsttiefer bietende Inserent zu zahlen bereit war. Zur Kontrolle der Kosten kann der Inserent ein maximales Tagesbudget definieren. Wird dieses erreicht, werden die Anzeigen an diesem Tag nicht mehr geschaltet.

Bei entsprechend attraktiven Werbungen hebt Google bis zu drei besonders hervor und platziert diese vor den generischen Suchergebnissen. Dies zeigt die folgende Abbildung:

Abb. 20: Hervorgehobene Werbung auf google.com

Google und andere Anbieter von Online-Werbung verfügen über ein breites Netzwerk an Plattformen und Internetseiten, die ihre Werbefläche über diese Anbieter bewirtschaften lassen. So können z. B. Autoren von Blogs Geld verdienen, indem sie Werbung schalten lassen. Diese Werbung wird in Abhängigkeit von Begriffen geschaltet, die sich auf der entsprechenden Seite befinden. Ebenso kann man Werbung auf gewissen Anwendungen schalten, die dem Benutzer kostenlos zur Verfügung stehen, beispielsweise Google-Mail. Je nach Inhalt des Mailtextes wird eine entsprechend passende Werbung neben dem Mailtext geschaltet. Diese Optionen können über Google Adwords oder ähnliche Programme anderer Anbieter eingestellt werden.

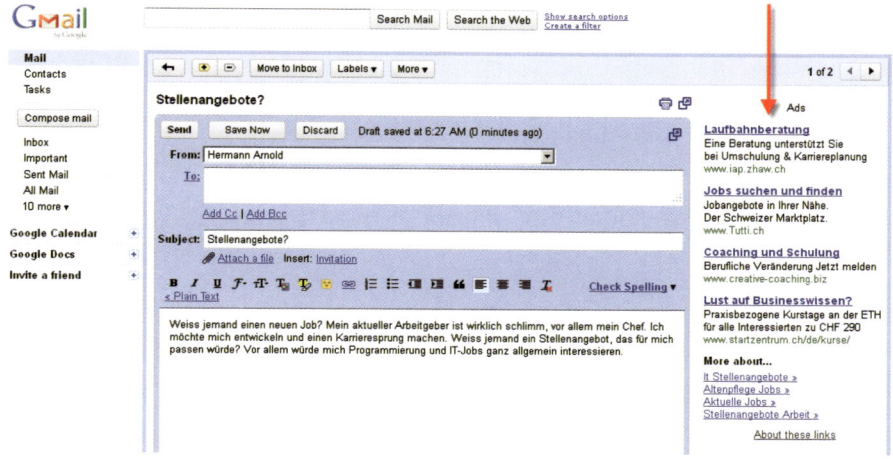

Abb. 21: Anzeige von kontextspezifischen Inseraten in anderen Plattformen und Anwendungen (gmail.com)

Bei dieser Art der Werbung sind der Titel, der Text darunter und die Wahl der richtigen Suchbegriffe entscheidend für den Erfolg. Ein Erfolg ersten Grades ist das Klicken auf das entsprechende Inserat – bei möglichst geringen Kosten pro Klick. Der tatsächliche Erfolg ist jedoch, wenn durch das Inserat eine gute und ernstgemeinte Bewerbung eingeht. Somit ist wichtig, dass das Inserat die richtigen Erwartungen kommuniziert und an einen Ort verlinkt, der eine einfache und direkte Bewerbungsmöglichkeit anbietet.

> ## ⦿ Tipp: Lassen Sie sich von Experten für Online-Werbung unterstützen
>
> Für die ersten Schritte bei Schaltung von kontextspezifischer Online-Werbung ist aufgrund der vielen Gestaltungsmöglichkeiten das Beiziehen eines Experten sinnvoll. Entweder verfügt das Unternehmen über Marketingverantwortliche mit entsprechendem Wissen oder man beauftragt ein Werbeunternehmen, das sich auf Online-Werbung spezialisiert hat. Dadurch kann man deutlich Kosten und Zeit sparen sowie vor allem auch die Wirksamkeit der Werbung erhöhen.

Eine weitere, aber für Stelleninserate schwierig zu nutzende Möglichkeit sind generische Suchresultate. Generische Suchresultate werden als Ergebnis auf eine Suche im normalen Bereich angezeigt. Hier ist die Konkurrenz sehr hoch und die Wahrscheinlichkeit, ein Stelleninserat als Treffer auf einer der ersten Seiten zu erlangen, ist abhängig von der Attraktivität der Webpräsenz selbst („Page Rank") sowie von der Anzahl anderer Seiten, die ebenfalls zu diesem Begriff existieren. Durch eine möglichst optimale Gestaltung der Seite, insbesondere die Verwendung des gesuchten Begriffes im Titel der Seite, in beschreibenden Schlagworten und im Text sowie möglichst vielen Links von anderen Seiten unter diesem Begriff zu dem gewünschten Stelleninserat, erhöhen die Chance. Da jedoch in der Regel Jobplattformen unter diesen Begriffen von Suchmaschinen deutlich attraktiver eingeschätzt werden, haben nur Unternehmen mit einer vielbesuchten Webseite und einer optimalen Gestaltung der Inserate überhaupt eine Chance, in den generischen Suchresultaten zu erscheinen. Gewisse Bewerbermanagementsysteme führen alle kundenspezifischen Stellenmärkte unter einer gemeinsamen Internetadresse, wodurch sich die Chancen mit der Verbreitung des Bewerbermanagementsystems erhöhen.

5.4   Werbung in sozialen Netzwerken und Medien

Werbemöglichkeiten in sozialen Netzwerken und Medien

- Werbung in sozialen Netzwerken mit Verlinkung auf das eigentliche Inserat
- Verwendung der beschränkten Werbemöglichkeit als Stelleninserat selbst
- Information über Stellenangebot über die Statusmeldungen auf dem Netzwerk

Gerade für die jüngere Generation von Benutzern sind soziale Netzwerke und Medien ein Ort, an dem sie sich länger aufhalten und den sie intensiver nutzen als andere Medien wie Fernsehen oder Zeitung. Für viele dieser Nutzer ist ein soziales Netzwerk heute der meistgewählte Einstieg in das Internet und trotz Suchmaschinen erste Anlaufstelle für Fragen. Somit kann man diese Zielgruppe besser über soziale Netzwerke und soziale Medien erreichen als über Jobplattformen und Suchmaschinen-Werbung. Welche Art von sozialen Medien es gibt, wurde in Kapitel 4.2.5 (siehe S. 45) dargestellt. Anbei sehen Sie zwei Beispiele für Inserate auf den dafür meistgenutzten sozialen Netzwerken Facebook und Twitter.

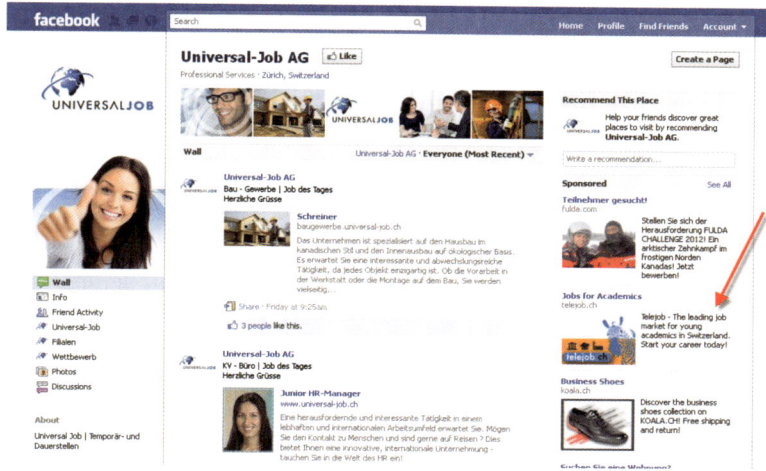

Abb. 22: Werbung auf Facebook in Abhängigkeit vom angezeigten Inhalt (facebook.com)

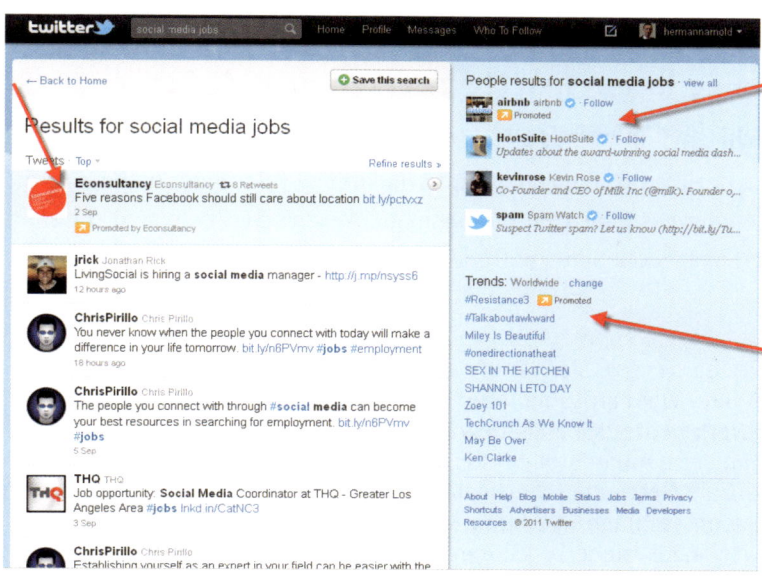

Abb. 23: Werbung und Stellenangebote auf Twitter in Abhängigkeit von Suchbegriffen (twitter.com)

Grundsätzlich kann man Werbung auf sozialen Netzwerken wie Facebook und Twitter ähnlich schalten wie bei Suchmaschinen. Soziale Netzwerke verfügen in der Regel über mehr und genauere Informationen zu ihren Nutzern als Suchmaschinen. Daher bieten sie genauere Kriterien an, um die Zielgruppe eines Inserates zu adressieren. Das erhöht die Chance, dass das Inserat erfolgreich bei der gewünschten Zielgruppe angezeigt wird.

Ein Spezialfall sind geschäftliche Netzwerke wie Xing oder LinkedIn, die eigene Bereiche für Stelleninserate anbieten. Hier bezahlt man in der Regel nur für Klicks, die Benutzer auf das gewünschte Stelleninserat des Unternehmens führen.

Auf sozialen Netzwerken kann man auch generische Informationen zu offenen Stellen veröffentlichen. Einige Unternehmen nutzen heute schon die Möglichkeiten von Twitter, Facebook oder geschäftlichen Netzwerken, um auf Stellenangebote über Statusmeldungen aufmerksam zu machen. Wie viel Beachtung diese Statusmeldungen erfahren, hängt stark von der Bekanntheit des veröffentlichenden Benutzers ab. Dies wird auf Twitter mit der Anzahl an „Followers" gemessen, auf Facebook mit der Anzahl an Freunden oder Fans, auf geschäftlichen Netzwerken mit der Anzahl der Kontakte. Bei gut gestalteten oder interessanten Stellenangeboten kann es sein, dass Leser diese an ihre eigenen Kontakte weiterempfehlen. Auf Twitter sind dies „Retweets", auf Facebook oder geschäftlichen Netzwerken „liked" oder „shared" man diese Informationen. Unternehmen können Mitarbeiter vorsichtig bitten, gewisse Stelleninserate in ihrem Bekanntenkreis über diese Möglichkeiten bekannt zu machen. So erreicht man eine recht große Anzahl an Personen, die über einen der Mitarbeiter bereits eine Verbindung zum Unternehmen haben. Wenn man davon ausgeht, dass gesuchte Mitarbeiter in der Regel ähnliche Profile haben wie bestehende Mitarbeiter, so kann man dadurch gut Personen der gewünschten Zielgruppe erreichen.

5.5 Werbung innerhalb des eigenen Unternehmens

Vorteile der Werbung innerhalb des Unternehmens

Die Werbung nach innen erfüllt vor allem drei Funktionen:

- Sie bietet einen internen Stellenmarkt für wechselwillige Mitarbeiter.
- Sie macht den Mitarbeitern die Attraktivität ihres Arbeitgebers bewusst.

- Sie ermuntert die Mitarbeiter, ihr Unternehmen im Kollegen- und Bekanntenkreis zu empfehlen.

Nicht vernachlässigen sollte man, insbesondere bei größeren Unternehmen, die Werbung nach innen. Es gibt Mitarbeiter, die sich bereits aktiv oder passiv am Arbeitsmarkt umsehen. Wenn sie aber grundsätzlich mit dem Unternehmen als Arbeitgeber zufrieden sind, so könnte sie eventuell eine andere Aufgabe im eigenen Unternehmen reizen und davon abhalten, sich extern zu bewerben. Dazu eignet sich ein interner Stellenmarkt – sowohl als Schwarzes Brett, als Massenmailing, als elektronischer Stellenmarkt oder als Stellenbulletin.

Das Gras des Nachbarn erscheint häufig grüner als das eigene. Deshalb ist es wichtig, dass man als Arbeitgeber die Vorteile des eigenen Unternehmens nach innen bewirbt und in Erinnerung ruft. So werden sich Mitarbeiter bewusst, welche Vorzüge das eigene Unternehmen bietet – und nicht nur, welche Dinge sie im Unternehmen stören. Dies müssen nicht in erster Linie Vergünstigungen und besondere Nebenleistungen sein. Herausfordernde Aufgaben, Verantwortung und Gestaltungsfreiräume, Transparenz und eine positive Unternehmenskultur, erfolgreiche Produkte oder Dienstleistungen, Aus- und Weiterbildungsmöglichkeiten oder Karrierechancen sind in der Regel wichtiger für Mitarbeiter als finanzielle Vergünstigungen. Für diese Art der Werbung eignen sich Fragen an Mitarbeiter, was sie am eigenen Job schätzen und was sie gerne verbessern würden. Positives Feedback kann man intern (oder auch auf der eigenen Homepage) veröffentlichen. Negatives Feedback kann man als Anlass nehmen, Verbesserungen vorzunehmen – und das Ergebnis der Verbesserungen wiederum nach innen zu kommunizieren. Wenn Mitarbeiter merken, dass man ihre Anliegen ernst nimmt, so erhöht dies die Loyalität und Zufriedenheit und damit schließlich die Bindung an das Unternehmen.

Zufriedene Mitarbeiter, die sich der Vorteile des eigenen Unternehmens bewusst sind, sind eher bereit, offene Stellen an ihre Kollegen oder Bekannte zu empfehlen – sei es im direkten Gespräch oder auf sozialen Netzwerken.

5.6 Empfehlungen von Kollegen

Vorteile von Empfehlungen

- Erreichbarkeit von Kollegen oder Bekannten der eigenen Mitarbeiter oder Ehemalige
- hohe Glaubwürdigkeit und meist gute Vorauswahl durch Mitarbeiter

■ Belohnung durch Dank, Anerkennung und eventuell Prämien für Einstellungen

Persönliche Empfehlungen an Kollegen oder Bekannte bergen ein hohes Erfolgspotential. Durch die persönliche Beziehung besteht ein großer Vorteil gegenüber anonymer Werbung. Interessierte können sich ein glaubwürdiges Bild von der tatsächlichen Arbeitssituation verschaffen. Sie kennen eine Person, die bereits in dem Unternehmen arbeitet, und können sich fragen, ob sie diese Person gerne als Arbeitskollegen hätten. Andererseits können sie sich bei dieser Person näher über die Arbeitsstelle informieren und erhalten meist ein ausgewogenes Bild – sowohl der Vorteile aber auch der Schwachstellen.

Als Empfehlende kommen aktive Mitarbeiter und ehemalige Mitarbeiter in Frage. Aktive Mitarbeiter haben ein gewisses Interesse, dass die Firma gute Mitarbeiter findet und beschäftigt. Idealerweise sollte man den Mitarbeitern die Verantwortung für die Qualität und Passung des Kandidaten abnehmen. Man sollte klarstellen, dass die finale Entscheidung vom Unternehmen getroffen wird. Bedanken sollte man sich auf jeden Fall, selbst wenn der entsprechende Kandidat dann doch nicht eingestellt wurde. Dies ermutigt, weitere Empfehlungen auszusprechen.

Empfehlungen von ehemaligen Mitarbeitern

Ehemalige Mitarbeiter sind ebenfalls eine gute Quelle für Empfehlungen. Wenn Mitarbeiter das Unternehmen im Guten verlassen, so sind sie in der Regel gerne bereit, Empfehlungen auszusprechen. Gerade wenn ehemalige Mitarbeiter gut über ihren ehemaligen Arbeitgeber sprechen, erhöht dies die Glaubwürdigkeit. Ehemalige Mitarbeiter haben kein unmittelbares Interesse und erbringen diesen Gefallen nur, wenn sie wirklich überzeugt sind, dass das Unternehmen ein guter Arbeitgeber ist und die Stelle für den Bekannten interessant sein könnte.

Mitarbeiter oder ehemalige Mitarbeiter haben in der Regel ein gutes Gefühl, welche Person sich für eine konkrete Stelle eignen würde. Sie können einschätzen, ob sie in das Unternehmen und in die Firmenkultur passt. Somit beinhaltet eine Empfehlung häufig eine erste, gute Vorauswahl. Es lohnt sich deshalb, dass Unternehmen die empfohlenen Kandidaten mit besonderer Aufmerksamkeit prüfen. Und das Ernstnehmen von Empfehlungen verstärkt wiederum die Bereitschaft, weitere Empfehlungen auszusprechen.

Anerkennung von Empfehlungen

Die Anerkennung von Empfehlungen kann über verschiedene Methoden erfolgen. Generell sollte man nicht glauben, dass eine hohe finanzielle Prämie ein großer Anreiz ist. Manchmal kann dies sogar kontraproduktiv wirken. Ein guter Mitarbeiter zögert eventuell bei einem guten Kollegen, wenn dem Kollegen bekannt werden könnte, dass er damit eine Prämie verdient (hat). Soziale Anerkennung im Unternehmen und finanzielle Prämien, die dem gesamten Team im Namen des erfolgreich Empfehlenden zum Beispiel in Form einer gemeinsamen Veranstaltung zu Gute kommen, haben eine doppelt positive Wirkung. Einerseits wird der Empfehlende als Rollenmodell für andere Mitarbeiter „gefeiert". Andererseits fühlt sich der so Geehrte bestätigt und bestärkt, weiterhin Empfehlungen auszusprechen.

5.7 Vorteile eines professionellen Bewerbermanagements

Professionelle Bewerbermanagementsysteme können den Aufwand der Mitarbeitergewinnung und Auswahl deutlich reduzieren. Gleichzeitig geben sie interessierten Bewerbern einen idealerweise positiven ersten Eindruck als potenzieller Arbeitgeber. Richtig eingesetzt erhöhen sie die Chance, gute Bewerber schnell zu identifizieren, rechtzeitig zu reagieren und damit für das Unternehmen zu gewinnen.

Einsatz und Nutzen eines Bewerbermanagements

- Erstellen von Stelleninseraten im Design des Unternehmens
- Unterhalten eines professionellen Stellenmarktes auf der eigenen Homepage
- Publizieren von Inseraten auf Online-Plattformen und in Printmedien
- Möglichkeit einer unkomplizierten und schnellen Online-Bewerbung
- effiziente Vorauswahl aufgrund von vordefinierten Kriterien
- Statusverfolgung und Erinnerungsfunktionen für weitere Aktionen
- elektronische Weiterleitung geeigneter Kandidaten an die Linie
- Kommunikation mit Bewerbern mittels vordefinierter Vorlagen
- selbstorganisierende Terminkoordination für Vorstellungsgespräche
- Unterstützung des Einstellungsprozesses und der notwendigen Aktivitäten

- Aufbau eines Talentpools von interessanten Bewerbern
- Kontakthalten mit Interessenten und Information über neue Stellenangebote

Bewerbermanagementsysteme bieten Vorlagen für eine schnelle und professionelle Erstellung von Stelleninseraten im Design des Unternehmens. Frühere Stelleninserate können einfach kopiert und angepasst werden. Bewährte Textbausteine zur Unternehmensbeschreibung und zu den Vorteilen des Unternehmens erleichtern die Formulierung allgemeiner Teile des Inserates. Alle Stelleninserate sind im System hinterlegt und können jederzeit wieder aufgerufen und verwendet werden.

Die meisten Bewerbermanagementsysteme bieten direkt einen professionellen Stellenmarkt an, der einfach in die Internetpräsenz des Unternehmens eingebunden werden kann. Diese Stellenmärkte sollten den Kriterien entsprechen, die in Kapitel 5.2.3 (siehe S. 78) „Stellenangebote auf der eigenen Homepage" beschrieben sind. Auf diese Weise spart man sich die eigene Programmierung und die Pflege eines Stellenmarktes auf der eigenen Homepage.

Die Aufgabe von Inserate-Dispositions-Systeme

Da für viele Unternehmen der eigenen Stellenmarkt nicht genügt, um gute Bewerber zu erreichen, bieten Bewerbermanagementsysteme verschiedene Möglichkeiten an, das Inserat auch direkt auf Jobplattformen, in sozialen Medien oder Printmedien zu inserieren. Es gibt spezialisierte Anbieter für die Verbreitung von Inseraten in beliebigen Kanälen. Viele Bewerbermanagementsysteme haben Schnittstellen zu einem oder mehreren dieser Anbieter.

Für die Verbreitung von Inseraten in beliebigen anderen Kanälen sorgen sogenannte Inserate-Dispositions-Systeme, deren Aufgabe im Folgenden vorgestellt wird.

Die wichtigsten Inserate-Dispositions-Systeme

- broadbean technology: broadbean.com
- LogicMelon: logicmelon.com
- SmashFly technologies: smashfly.com
- unio simple media management (spezialisiert auf deutschsprachigen Raum): unio.com

Diese Systeme bieten Inserate-Generatoren für Printanzeigen, die aus reinen Texten ein schön gestaltetes Inserat mit den entsprechenden Dimensionen der jeweiligen Medien erstellen. Man spart sich somit das graphische Gestalten jedes einzelnen Inserates. Außerdem zeigen diese für jede Publikation Preise und Publikationstermine an und erlauben die direkte Beauftragung eines Inserates per Mausklick. Aus diesen Systemen lassen sich auch Online-Job-plattformen und soziale Netzwerke bedienen. Wenn die Systeme in ein Bewer-bermanagement integriert sind, so übergeben sie Bewerbungslinks, mit denen Bewerber direkt auf den entsprechenden Bewerbungsprozess geleitet werden.

Für Bewerber ist eine schnelle und unkomplizierte Bewerbung wichtig. Dies entscheidet über die Akzeptanz und damit den Erfolg des Systems. Der Bewerbungsprozess ist meist der erste interaktive Kontakt mit dem Unterneh-men. Deshalb sollten Sie sich bewusst sein, welchen Eindruck Sie mit dem Bewerbungsprozess bei Ihren Kandidaten hinterlassen.

> **● Tipp: Sorgen Sie für einen einfachen Bewerbungsprozess**
>
> Es empfiehlt sich, einen möglichst schlanken Bewerbungsprozess anzubie-ten. Ein Bewerbungsprozess, der mehr als 15 Minuten dauert, durch viele Masken führt und den Bewerber zwingt, seinen Lebenslauf nochmals in der Struktur des Unternehmens zu erfassen, ist abschreckend. Gute Bewerber werden sich nicht auf diese Weise bewerben und erhalten den Eindruck eines bürokratischen und überstrukturierten Unternehmens.

Viel zielführender, bewerberfreundlicher und auch effektiver ist ein Bewer-bungsprozess, der sich neben der Abfrage der wichtigsten Kontaktdaten und dem Hochladen des Lebenslaufs sowie weiterer Dokumente auf die Beant-wortung weniger, relevanter Fragen beschränkt. Diese Fragen können in einem Freitextfeld gestellt werden. Je nach Frage können eine oder mehrere Antwort-möglichkeiten vorgegeben werden, die jeweils mit Punkten hinterlegt sind. So sammeln Bewerber während der Beantwortung Punkte, die eine effiziente Vorauswahl ermöglichen. Personalverantwortliche können sich so auf vielver-sprechende Bewerber mit den meisten Punkten konzentrieren, deren Lebens-lauf genau studieren und eine schnelle und qualifizierte Antwort geben.

Die folgenden zwei Bildschirmfotos zeigen das Bewerbungsmanagement am Beispiel von Haufe-umantis.

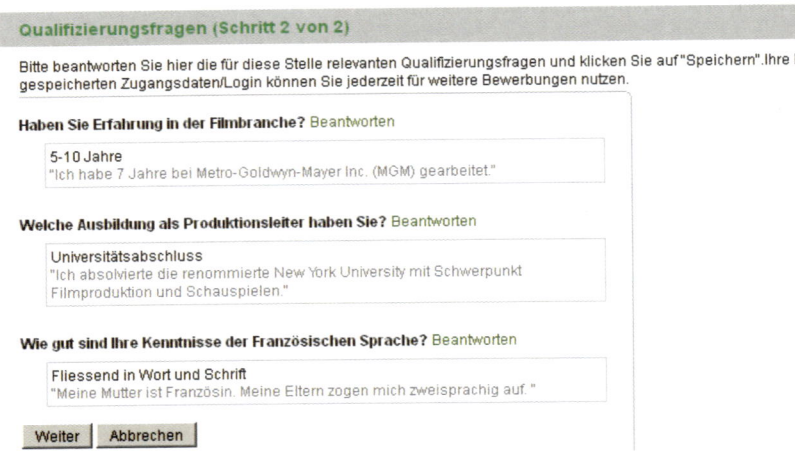

Abb. 24: Beispiel von Fragen an Bewerber für die Stelle eines Filmproduktionsleiters (Haufe-umantis Bewerbermanagement)

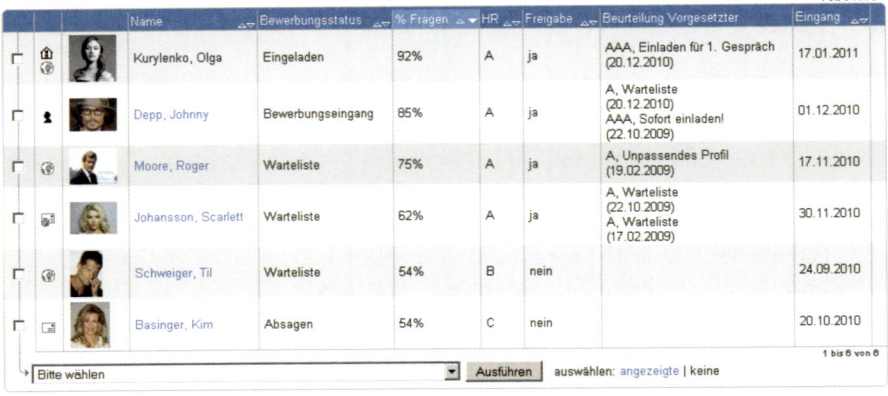

Abb. 25: Nach erreichten Punkten sortierte Liste von Bewerbern (Haufe-umantis Bewerbungsmanagement)

Was leisten Bewerbermanagementsysteme?

Bewerbermanagementsysteme unterstützen die Organisation und Abwicklung des Auswahlprozesses. Bewerbungen erhalten einen Status, können effizient verglichen werden und lassen sich einfach an die Linie für ein Feedback weiterleiten. Die Kommunikation mit den Bewerbern erfolgt mittels professionell getexteter Vorlagen, die individuell an den konkreten Fall angepasst werden können. Das System erinnert an geplante weitere Schritte mittels Wiedervorlagen und Erinnerungen.

Linienvorgesetzte und Gremienmitglieder können Bewerbungen bequem und im Überblick online einsehen und direkt Rückmeldung mit der Entscheidung weiterer Schritte geben. Gewisse Systeme unterstützen die Terminkoordination von Einzelgesprächen oder auch Gruppen-Assessments. Sobald die Entscheidung gefallen ist, können Systeme den Einstellungsprozess und alle erforderlichen Schritte unterstützen und verfolgen.

Interessanten Bewerbern, die nicht eingestellt werden können, kann man mit der Absage auch eine Einladung in einen Talentpool schicken, wodurch sie immer über neue Stellen informiert werden. So kann das Unternehmen Kontakt mit interessanten Bewerbern halten, die sich vielleicht zu einem späteren Zeitpunkt wieder bewerben oder Stellenangebote an Bekannte oder Freunde weiterleiten, die gerade auf der Suche sind.

> **⊙ Tipp: Worauf Sie bei Stelleninseraten im Rahmen eines Bewerbermanagements achten sollten**
>
> - Setzen Sie einen Bewerbungslink am Ende des Inserates, der direkt zur Bewerbungsmaske führt, sowohl bei Inseraten im eigenen Stellenmarkt als auch bei Jobplattformen. Für Printmedien eignen sich QR-Codes (siehe Kapitel 5.2.1 (siehe S. 74) „Inserate in Printmedien").
> - Weisen Sie darauf hin, dass Online-Bewerbungen gewünscht sind. Manchmal denken Bewerber noch, dass eine Papierbewerbung die Chance erhöht.
> - Informieren Sie, wie lange der Bewerbungsprozess erwartungsgemäß dauern wird. Viele Bewerber sind abgeschreckt von langwierigen Bewerbungsprozessen. Ideal ist natürlich, wenn man schreiben kann, dass der Prozess nur 5–10 Minuten dauert.

■ Kommunizieren Sie als Kontaktdaten lediglich Name und Telefonnummer. Dies signalisiert klar, dass man keine E-Mail oder Postbewerbungen möchte, ohne aber unpersönlich zu wirken. (Die wenigsten Bewerber rufen tatsächlich an.)

Beispiele für Anbieter von Bewerbermanagementsystemen

- Haufe umantis Bewerber: haufe.de/talentmanagement
- d.vinci Bewerbermanagement: dvinci.de
- Lumesse Talent Acquisition: lumesse.com
- rexx Recruitment Software: rexx-systems.com
- SAP E-Recruiting: sap.com
- Taleo Recruiting: taleo.com
- umantis Bewerber: umantis.com
- weitere Anbieter: tiny.cc/bewerbermanagement

Wichtige Kriterien für die Auswahl eines Bewerbermanagementsystems

Für die Auswahl eines geeigneten Bewerbermanagementsystems sollten Sie die folgenden Kriterien beachten:

- einfache und intuitive Benutzeroberfläche
- durchgängig webbasiertes System ohne Medienbrüche
- unkompliziertes und schnelles Bewerbungsverfahren für Interessierte
- Online-Einbindung der Entscheidungsträger (Vorgesetzte, Gremien, Assessoren)
- Unterstützung der eingangs erwähnten Verwendungsmöglichkeiten
- gute Auswertungsmöglichkeiten (Dauer der Prozesse, Quellen der Bewerbungen)
- laufende Weiterentwicklung, idealerweise als Software-as-a-Service[18]

---

18 Software-as-a-Service bezeichnet eine Art, wie Software angeboten und verwendet wird. Der Anbieter betreibt die Software für den Kunden und stellt die Nutzung über das Internet zur Verfügung. Häufig wird diese Software dann auch gemietet, weshalb manche Anbieter auch von Mietsoftware sprechen. Einzelne Anbieter bieten auch andere Betriebs- und Finanzierungsmodelle an. Wichtig in dem genannten Zusammenhang ist, dass die Software kontinuierlich weiterentwickelt wird und der Kunde immer auf der neuesten Version arbeitet, ob er es will oder nicht.

■ Integration in andere Talentprozesse wie Zielvereinbarung und Beurteilung, Personalentwicklung und Kompetenzmanagement, Aus- und Weiterbildung, Nachfolge- und Laufbahnplanung, Netzwerk und Wissensmanagement, ehemalige Mitarbeiter

5.8 Testverfahren für Bewerber

Einsatz und Nutzen von Testverfahren

■ Unterstützung bei der Auswahl
(vorab nur bei großem Bewerberaufkommen, sonst als Teil des Interviews)
■ Darstellung der eigenen Vorstellungen
■ Spiegelbild des eigenen Unternehmens
■ Service für Bewerber durch Zustellung der Ergebnisse

Bewerbertests dienen nicht nur der Schaffung einer breiteren Entscheidungsgrundlage, sondern müssen auch als Marketinginstrument verstanden werden. Insbesondere, wenn diese Tests schon im Vorfeld zur „automatisierten" Vorauswahl durchgeführt werden, so ist die Art und Weise des Tests ein Spiegelbild für das Unternehmen. Bewerbertests sollten relevant sein, gut erklärt werden, nicht zu langatmig für Bewerber sein und im besten Fall auch einen Unterhaltungsfaktor enthalten. Wichtig ist auf jeden Fall, dass Bewerber am Schluss auch das Ergebnis des Tests erhalten – und ihnen dies vor Durchführung des Tests bereits in Aussicht gestellt wird.

Zahlreiche Anbieter von Bewerbermanagementsystemen können verschiedene Testanbieter einbinden, wodurch auch hier eine Nutzung ohne Medienbruch möglich ist, von der Einladung zur Teilnahme an dem Testverfahren bis hin zur Rückspielung von Testergebnissen in den Bewerbungsprozess.

Arten von Testverfahren

Je nach Test werden unterschiedliche Kompetenzbereiche des Bewerbers geprüft:

■ Leistungstests
(Stressverhalten, Mathematik, räumliche Vorstellung etc.)
■ Persönlichkeitstests
(Sozialverhalten, Führungsqualitäten, Verkaufsqualitäten etc.)

- Assessements/Gruppenassessments
  (Teamverhalten, Lösungsorientierung, Konfliktverhalten etc.)

Anbieter von Online-Testverfahren mit Verwendung in Deutschland

- cut-e Online Assessment: cut-e.ch
- Hill Potentialanalysen: hill-international.at
- Insights MDI: insights.de
- Pearson Testverfahren: pearsonassessment.de
- Predictive Index: piworldwide.com
- SHL ability and personality assessment: shldirect.com
- weitere Anbieter: tiny.cc/onlineassessments

5.9   Werbemöglichkeiten im Vorstellungsgespräch

Ein Vorstellungsgespräch ist eine gute Gelegenheit, um das Unternehmen vorzustellen, Informationen zu den Produkten zu geben und so für das Unternehmen zu werben. Zu diesen Werbeelementen gehören vor allem die folgenden Punkte:

- Vorstellung der Firma, der Produkte, Kunden und Entwicklung
- persönliche Vorstellung des Gesprächspartners
- Informationen über Aufgaben und Entwicklungsmöglichkeiten
- Zeit, um Fragen der Bewerber ausführlich zu beantworten
- Rundgang durch die Firma oder einzelne relevante Bereiche
- idealerweise Kennenlernen weiterer Teammitglieder

Der wichtigste Teil beim Vorstellungsgespräch ist aus Arbeitgebersicht das Bewerberinterview. Aus Sicht des Bewerbers ist das Vorstellungsgespräch meist der erste persönliche Kontakt mit dem Unternehmen.

Ein Vorstellungsgespräch ist also nicht nur ein Testen des Bewerbers auf Eignung, sondern auch eine Werbemöglichkeit für das eigene Unternehmen. Für diese Funktion sollte man auch ausreichend Zeit einplanen. Auch wenn nur wenige Bewerber am Schluss eingestellt werden, nehmen die übrigen zumindest einen guten Eindruck mit, den sie anderen weitererzählen können.

5.10 Aufbau eines eigenen Unternehmensnetzwerkes

Aufgaben und Nutzen eines Unternehmensnetzwerkes

- Kontakthalten mit Interessenten, Bewerbern und ehemaligen Mitarbeitern für weitere Stellenangebote und die Weiterempfehlung als Arbeitgeber
- Verknüpfen von Neueingestellten mit Mentoren im Unternehmen, die sich über ein solches Netzwerk organisieren und bereits vor Eintritt kennenlernen können
- Vernetzen von Neueingestellten untereinander, um sich gegenseitig zu helfen bei ähnlichen Problemen wie Wohnungssuche, Behördenkontakten etc.
- Vereinfachen des Eintritts für neue Mitarbeiter durch vorgängige Informationen über unternehmensinterne Geschehnisse und auch Kennenlernen von Kollegen

Ein Trend, der aufgrund moderner Technologien deutlich einfacher umsetzbar ist, sind Unternehmensnetzwerke. Mittels dieser Netzwerke kann man mit Bewerbern, Interessenten, Neueintretenden und ehemaligen Mitarbeitern in konstantem und unaufdringlichem Kontakt bleiben. Diese Netzwerke können entweder auf sozialen Netzwerken oder durch firmeneigene Netzwerke unterhalten werden. Der Vorteil von firmeneigenen Netzwerken ist die Integration in weitere Prozesse. Für externe Personen besteht der Vorteil darin, dass sie nicht ihr privates Profil im Bewerbungskontext verwenden müssen.

Welche sozialen Netzwerke eignen sich auch als Unternehmensnetzwerk?

- Facebook Fanpages: facebook.com
- Xing Gruppen: xing.com
- LinkedIn Gruppen: linkedin.com

Anbieter unternehmensspezifischer Netzwerke

- IntraWorlds: intraworlds.de
- netMEDIA: netmedia1.com
- SelectMinds: selectminds.com
- umantis: umantis.com
- weitere Anbieter: tiny.cc/unternehmensnetzwerke

6 Unternehmensstrategien für soziale Medien

Soziale Medien sind ein neuer und zunehmend wichtiger Teil des Marketingmixes in der Mitarbeitergewinnung. Die Strategie für soziale Medien muss eingebunden sein in das Gesamtkonzept des Bewerbermarketings. Eine Strategie allein für soziale Medien greift zu kurz. Soziale Medien können nicht im luftleeren Raum existieren, da soziale Medien häufig den Startpunkt für Informationen und Anregungen darstellen, die an anderen Orten, insbesondere der Homepage des Unternehmens, vertieft werden. In anderen Fällen werden Bewerber durch Inserate oder Beiträge auf das Unternehmen aufmerksam und recherchieren dann in sozialen Medien über die Hintergründe. Aus diesem Grund beleuchten die Kapitel 3 (siehe S. 23) bis Kapitel 5 (siehe S. 61) das gesamte Spektrum des Bewerbermarketings und der verfügbaren Instrumente.

Das angemessene Verhalten in sozialen Netzwerken ist vergleichbar mit dem Verhalten bei vergleichbaren Treffpunkten im realen Leben. Geschäftliche soziale Netzwerke können wie Jobmessen verstanden werden, fachspezifische Communities wie Fachkonferenzen und private soziale Netzwerke wie eine Runde im Kaffee- oder Wirtshaus. Entsprechend gibt es unterschiedliche Verhaltensnormen für diese verschiedenen Typen von sozialen Netzwerken. Ebenso wie Sie in einem Kaffeehaus nicht einfach einen Fremden auf ein Stellenangebot ansprechen würden, sollten Sie dies beispielsweise auch auf Facebook unterlassen.

Verschiedene Typen von sozialen Medien

- geschäftliche Netzwerke wie Xing oder LinkedIn
- fachliche Netzwerke, die dem inhaltlichen Austausch dienen
- private Netzwerke, die Freunde und Bekannte verbinden

Mit diesen Strategien nutzen Sie soziale Netzwerke

Um soziale Netzwerke für das Bewerbermarketing und die Mitarbeitergewinnung zu nutzen, gibt es zwei grundsätzliche Strategien.

- kurzfristige Strategie:
  Deklarierte und meist kostenpflichtige Werbung an den dafür vorgesehenen
  Orten. Soziale Netzwerke bieten meist technische Möglichkeiten und genü-
  gend Wissen über ihre Mitglieder, wodurch eine hohe Zielgenauigkeit
  erreicht werden kann.
- längerfristige Strategie:
  Inhaltliches und zeitaufwändiges Engagement mit der Community. Auch
  Unternehmen oder einzelne Personen in Unternehmen können sich im
  Netzwerk inhaltlich einbringen und so eine Beziehung zu den Mitgliedern
  herstellen.

6.1 Umgangsformen in sozialen Netzwerken – Was ist erlaubt, was nicht?

Soziale Medien im Internet sind ein noch recht junges Phänomen, und so sind
sich viele der heute Verantwortlichen unsicher, wie man diese nutzen kann und
wie man sich darin bewegt. Eigentlich jedoch ist es gar nicht so schwierig, weil
man sich in virtuellen sozialen Medien nicht anders verhält als bei vergleichbaren Treffpunkten im realen Leben. Die genannten Vergleiche von virtuellen
sozialen Netzwerken mit den Entsprechungen im realen Leben geben eine gute
Hilfestellung. Wie würden Sie selbst reagieren, wenn Sie auf einer Karriere-
messe zu Ihren privaten, religiösen oder politischen Vorstellungen ausgefragt
werden? Oder wie würden Sie reagieren, wenn Sie auf einer privaten Feier von
einem Fremden mit einem Stellenangebot angesprochen werden?

Die folgende Übersicht zeigt Ihnen, wie Sie sich in Netzwerken angemessen
verhalten:

Netzwerk-Typ	Vergleich	Angemessenes/Unangemessenes Verhalten ☑ = angemessenes Verhalten − = unangemessenes Verhalten
Geschäftliches Netzwerk	Jobmesse, Recruiting-veranstaltung	☐ Werbung für Stellenangebote ☐ Vorstellung der Firma ☐ Ansprache von Kandidaten ☐ Mitgeben von Informationen ☐ Nachbearbeitung von Kontakten

Netzwerk-Typ	Vergleich	Angemessenes/Unangemessenes Verhalten ☑ = angemessenes Verhalten – = unangemessenes Verhalten
		– nach Privatem erkundigen – informeller Umgang – formlose Ansprache – Unbekannte um Gefallen bitten – negative Meinungen kundtun
Fachliches Netzwerk	Fachkonferenz/-messe, Tagung	☐ Teilnahme an Diskussionen ☐ Hilfestellung bei Fragen oder Problemen ☐ Stellen fachlicher Fragen oder Probleme ☐ passive Teilnahme (nur lesen, zuhören) ☐ Sponsoring und deklarierte Werbung
		– einseitig nur profitieren – Stellen kontextfremder Fragen – Ansprache für fachfremde Zwecke – versteckte Werbung in Inhalten – Nachbearbeitung außerhalb des Themas
Privates Netzwerk	Kaffeehaus Wirtshaus Party	☐ Austausch im Freundes-/Bekanntenkreis ☐ Bekannte einander vorstellen ☐ ungezwungene Ansprache mit Smalltalk ☐ informelles, privates Verhalten ☐ deklarierte Werbung auf Werbeflächen
		– direkte Ansprache für Geschäftliches – unaufgeforderte Teilnahme an Privatem – versteckte Werbung ohne Deklaration – Vortäuschen unechter Motive – Verschleiern der wirklichen Identität

Tab. 4: Verhaltenformen in Online-Netzwerken und im realen Leben

6.1.1 Geschäftliche Netzwerke

Geschäftliche Netzwerke wie Xing oder LinkedIn dienen vor allem beruflichen Zwecken. Teilnehmer hinterlegen ihre Berufserfahrung und ihre Kenntnisse. Sie nutzen das Netzwerk für ihre beruflichen Aufgaben und für ihre Karriere.

LinkedIn versteht sich als das weltweit größte Recruiting-Netzwerk. Xing versteht sich als die größte Plattform für Geschäftskontakte im deutschsprachigen Raum. Ursprünglich hieß Xing „Open Business Club" und war konzipiert als Plattform für Geschäftskontakte. Diese Netzwerke dienen der beruflichen Kontaktanbahnung und dem Kontakthalten unter Geschäftspartnern. Sie bieten die Möglichkeit, dass Teilnehmer explizit deklarieren, an welcher Art von Kontakten sie interessiert sind und was sie selbst anbieten.

Bei Xing[19] werden neue Teilnehmer bereits auf der ersten Seite nach der Registrierung nach ihren Karriereplänen befragt, wie das folgende Bildschirmfoto zeigt. Benutzer können auf diese Weise aktiv kommunizieren, ob sie an Stellenangeboten interessiert sind.

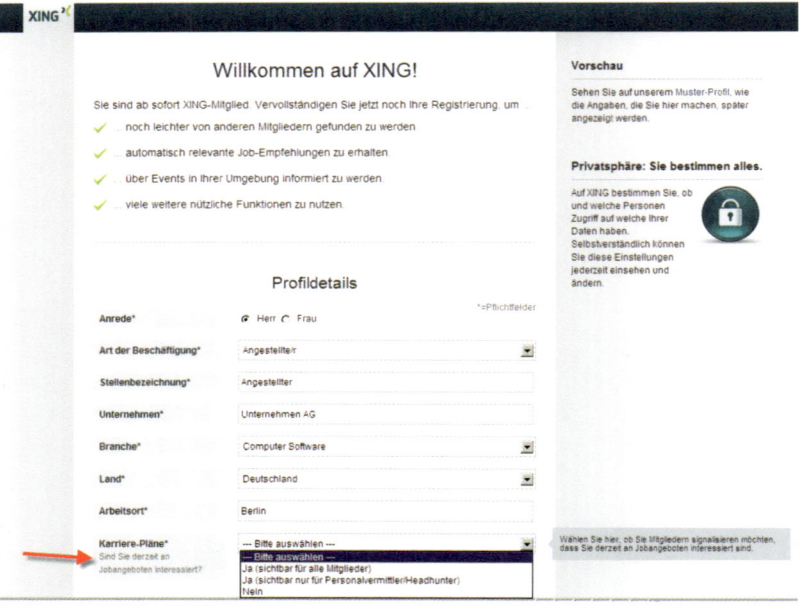

Abb. 26: Anmeldemaske bei Xing mit Frage zu Karriereplänen (xing.com)

---

19 Xing wird in diesem Praxisratgeber als Beispiel herangezogen, weil es das in Deutschland verbreitetste geschäftliche Netzwerk ist. LinkedIn bietet ähnliche Funktionalitäten und ist insbesondere für internationale Stellenbesetzungen geeignet. Xing verzeichnet im Sommer 2011 ca. 5 Millionen Mitglieder im deutschsprachigen Raum, LinkedIn 2 Millionen. Aktuell wächst LinkedIn stark im deutschsprachigen Raum. Weltweit verfügt Xing über 11 Millionen Mitglieder, LinkedIn über 120 Millionen.

Diese Einstellungen lassen sich jederzeit direkt neben dem Profil anpassen – wodurch die Aktualität der Angaben erhöht werden soll.

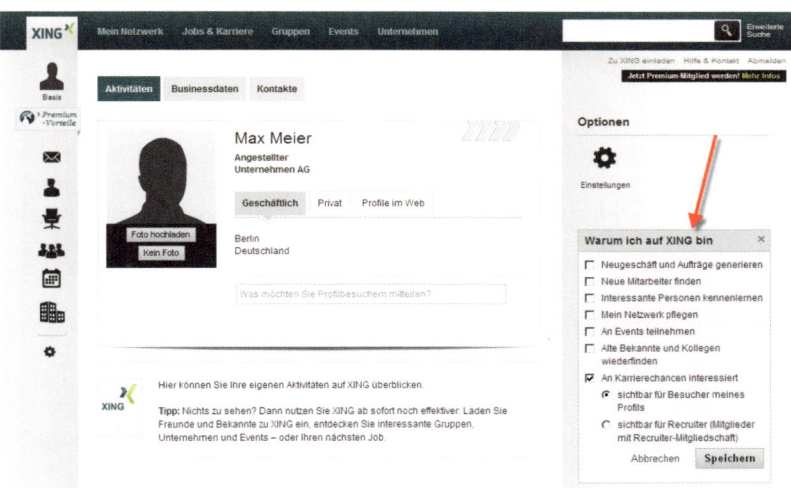

Abb. 27: Angabe von Gründen für die Nutzung (xing.com)

Geschäftliche Netzwerke sind klar darauf ausgerichtet, neue Kontakte zu finden und angesprochen zu werden. Dies ist vergleichbar mit dem Besuch einer Jobmesse. Folglich ist es nicht unangebracht, Personen mit Stellenangeboten zu kontaktieren. Jedoch sollten Stellenangebote, die direkt an unbekannte Personen gesendet werden, zumindest Bezug nehmen auf das Profil der angesprochenen Person. Auf diese Weise kann der negative Eindruck eines Massenmailings, das an zahlreiche Personen verschickt wird, ausgeschlossen werden.

Geschäftliche soziale Netzwerke bieten Firmen auch die Möglichkeit, sich mit einem Firmenprofil zu präsentieren und Stelleninserate zu publizieren. Dafür gibt es eigene, meist kostenpflichtige Bereiche.

Plattformen zur Einschätzung des Arbeitgebers

Ein besonderes soziales Medium im Bewerbermarketing sind Plattformen, auf denen Mitarbeiter, ehemalige Mitarbeiter und auch Bewerber ihre Einschätzung zum Arbeitgeber veröffentlichen können. Auch hier gelten ähnliche

Verhaltensregeln wie bei geschäftlichen Netzwerken, wobei diese Netzwerke meist nicht auf die direkte Kontaktaufnahme zu Kandidaten ausgerichtet sind.

Generell sollten Arbeitgeber darauf verzichten, auf solchen Plattformen private Inhalte zu verbreiten oder zu erfragen. Auch die Kommunikationsart entspricht eher Geschäftsbriefen oder E-Mails und weniger einem ungezwungenen Plaudern über Belangloses. Arbeitgeber sind gut beraten, auf derartigen Plattformen keine negativen Aussagen zu einzelnen Personen oder auch dem Wettbewerb zu veröffentlichen. Es ist besser, seine eigenen Vorteile und Besonderheiten darzustellen. Übertreibungen sind zu vermeiden, da diese gerade im Internet langfristig auffindbar sind und häufig durch andere Benutzer richtig gestellt werden.

6.1.2 Fachliche Netzwerke

Fachliche Netzwerke dienen in erster Linie dem Austausch von Informationen und Neuigkeiten sowie der gegenseitigen Hilfestellung bei Fragen oder Problemen. Diese Plattformen sind vergleichbar mit Fachkonferenzen oder Tagungen. Deshalb sollte man sich auf solchen Plattformen entsprechend verhalten, wie man dies auf inhaltlichen Tagungen machen würde, die keinen direkten Bezug zur Stellensuche haben.

Teilnehmer in fachlichen Netzwerken tragen für die Gemeinschaft in Form von unbezahlten Beiträgen bei. Aus diesem Grund reagieren sie sensibel auf den Versuch, diese Plattformen für geschäftliche Zwecke zu nutzen – selbst wenn es sich „nur" um die Suche nach qualifizierten Bewerbern handelt.

Möchte sich ein Unternehmen in fachlichen Netzwerken bekannt machen, so kann es zu dem tatsächlichen Zweck dieser Community beitragen. Das heißt, Personalverantwortliche können Mitarbeiter aus der Linie dazu gewinnen, aktiv an fachlichen Online-Diskussionen teilzunehmen und ihr Wissen anderen zur Verfügung zu stellen. Wie in jeder anderen Gemeinschaft kann man sich über ein ausgewogenes Geben und Nehmen langfristig Möglichkeiten erarbeiten, einzelne Mitglieder gezielt um Hilfestellung zu bitten – auch für die Besetzung schwierig zu besetzender Stellen. Es kann jedoch nicht genug betont werden, dass dies erst nach einer längeren Zeit der inhaltlichen „Investition" tatsächlich akzeptiert wird und funktioniert.

Versteckte Strategien sind nicht zu empfehlen

Versteckte Strategien, in denen zum Beispiel eine inhaltliche Frage nur gestellt wird, um anschließend den Beantwortenden mit einem Stellenangebot zu kontaktieren, werden nicht gerne gesehen. Die Ausnahme sind hier freie Mitarbeiter und Berater, die diese Plattformen auch zur Akquisition neuer Kundenaufträge nutzen. Diese Teilnehmer kommunizieren jedoch meist bereits bei der Antwort recht offensichtlich, dass sie für Aufträge zur Verfügung stehen. Andere Teilnehmer, die in einem festen Arbeitsverhältnis stehen, fühlen sich durch derartige Kontaktversuche jedoch abgeschreckt und sehen dies als einen Missbrauch der Plattform an.

Gewisse Plattformen bieten eigene Bereiche an, in denen Stellenangebote ausgeschrieben werden können. Diese Bereiche sind geeignet, eigene Stellenangebote zu publizieren. Je nach Plattform gibt es eigene Karrierebereiche oder auch nur spezifisch dafür verwendete Diskussionsforen (siehe dazu die folgenden Bildschirmfotos). Man sollte es jedoch unterlassen, auf diese Stellenangebote im fachlichen Bereich der Diskussionen aufmerksam zu machen.

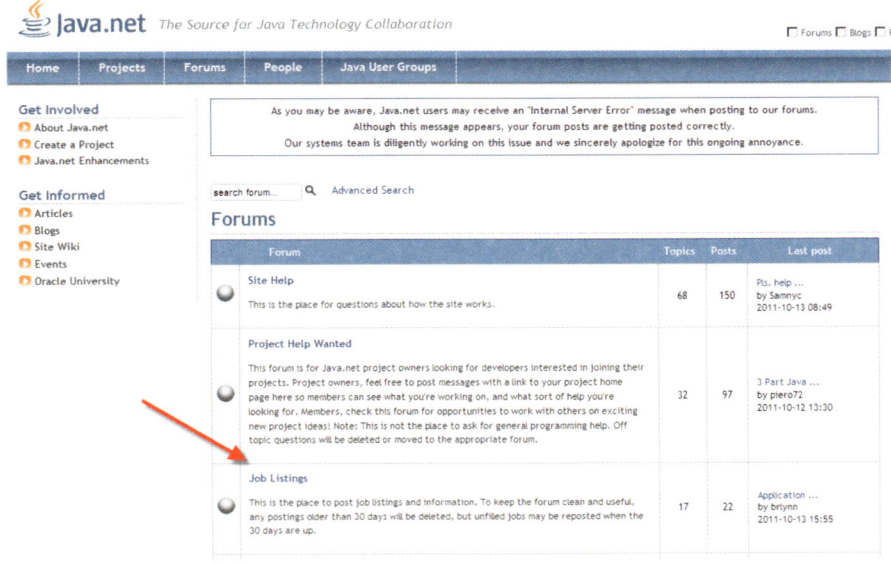

Abb. 28: Job-Forum auf der Java Plattform (java.net)

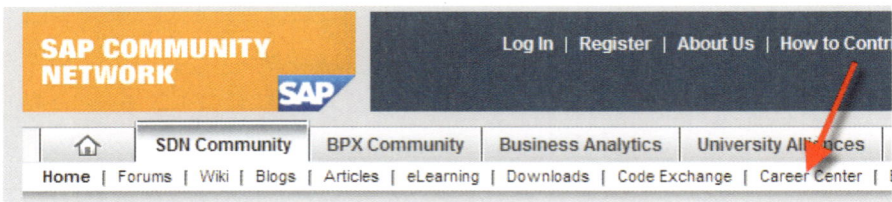

Abb. 29: Karrierebereich auf der SAP Community (sdn.sap.com)

6.1.3 Private Netzwerke

Auch wenn private Netzwerke zunehmend kommerziell genutzt werden, so ist doch klarzustellen, dass die kommerzielle Nutzung einem klar definierten Bereich zugewiesen ist. Die Benutzer von privaten Netzwerken wie Facebook fühlen sich eher wie in einem Kaffeehaus, Wirtshaus oder auf einer Party und nicht im Geschäftskontext. Natürlich wird zu diesen Anlässen auch konsumiert, Werbung geschaltet und über Geschäftliches gesprochen, doch findet dies im Kreise von Bekannten, Bekannten von Bekannten oder Freunden statt.

Ebenso wenig wie Sie sich in ein Gespräch unter Freundinnen in einem Kaffeehaus einmischen würden, um sie auf ein Stellenangebot anzusprechen – z.B. weil Sie mitgehört haben, dass eine der Frauen passende Kompetenzen hat – genauso wenig sollten Sie Unbekannte in privaten sozialen Netzwerken mit einem Stellenangebot kontaktieren. Typischerweise tauscht man sich auf privaten sozialen Netzwerken mit Personen aus, die man bereits auf anderem Wege kennengelernt hat – oder die einem von Bekannten oder Freunden vorgestellt wurden.

Natürlich ist es auch möglich, Unbekannte über ein privates soziales Netzwerk anzusprechen und darüber in Kontakt zu kommen. Aber selbst dann ist zuerst ein tatsächlich persönlicher Kontakt aufzubauen, bevor man geschäftliche Vorschläge oder Wünsche äußert. Um in dem obigen Beispiel zu bleiben: Wenn jemand zufällig bei einem Gespräch unter Freundinnen mithört, dass eine Person genau die fachlichen Kompetenzen hat, die man selbst verzweifelt sucht, dann beginnt man die Kontaktaufnahme dennoch zuerst mit unverbindlichem Smalltalk – und meist erst, wenn das Gespräch der Freundinnen beendet ist. Und erst sobald die Bekanntschaft hergestellt ist, kann man mit seinem Anliegen an die Person herantreten. Aber auch hier verhält es sich wie im realen Leben: Eine zu plumpe Kontaktaufnahme wird eher als nervig und störend empfunden – und führt in aller Regel nicht zum gewünschten Resultat. Und wenn man den Eindruck gewinnen muss, dass diese Person ständig andere Personen anspricht, so wirkt dies kontraproduktiv. Das Internet bietet effizientere Möglichkeiten, die richtigen Personen zu finden – aber es macht den Aufbau einer Bekanntschaft nicht weniger zeitaufwändig als früher.

Private soziale Netzwerke bieten jedoch eine gute Möglichkeit, gezielt Werbung zu schalten. Diese Werbung hat ihren eigenen Bereich (meist am rechten Bildschirmrand) und ist klar als Werbung deklariert (vgl. Abb. 30). Dies ist vergleichbar mit dem Sponsoring von Partys oder Ähnlichem – und wird in der Regel akzeptiert. Durch diese Werbung wird das Gratisangebot des privaten sozialen Netzwerks für die Benutzer finanziert.

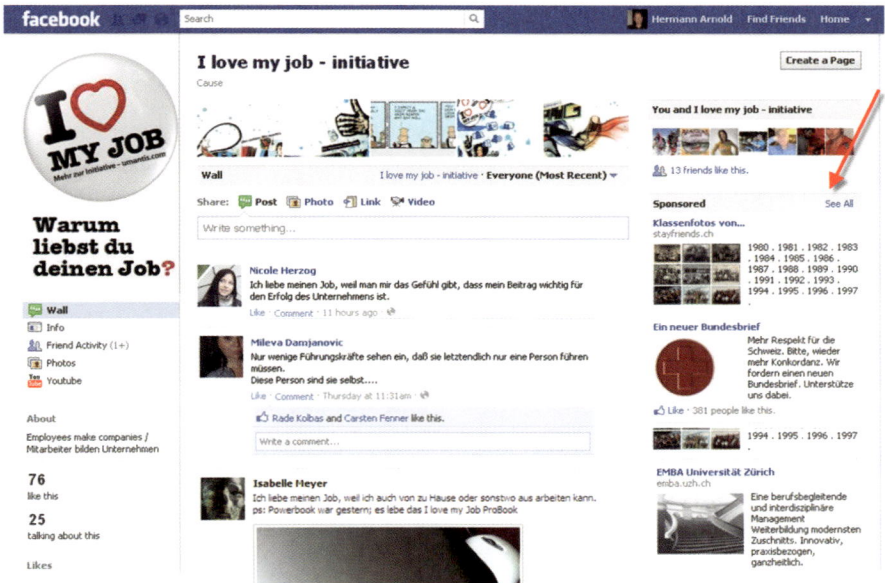

Abb. 30: Beispiel für bezahlte Werbung von Facebook (facebook.com)

Der große Unterschied zum realen Leben ist, dass man die Werbung in privaten sozialen Netzwerken viel gezielter schalten kann. Man muss also nicht alle Wirtshäuser mit Werbung überziehen, um einzelne Personen zu erreichen, sondern kann quasi nach bestimmten Eigenschaften ausgewählten Personen personalisierte Werbung auf die Tischunterlage drucken. Ob und wie die Person auf die Werbung reagiert, bleibt ihr überlassen.

6.2 Kurzfristige Werbestrategien in sozialen Netzwerken

Kurzfristige Strategien nutzt man, wenn man ein konkretes Stellenangebot in sozialen Medien bewerben möchte. Somit muss man meist die fehlende Zeit zum Aufbau von Beziehungen zur Zielgruppe durch finanzielle Mittel kompensieren. Sollte man bereits in einer langfristigen Strategie Beziehungen aufgebaut haben, so kann man diese dann natürlich auch kurzfristig für konkrete Stellenangebote nutzen. Doch selbst in diesem Fall sollte man ein ausgewogenes Verhältnis von inhaltlichen und persönlichen Beiträgen in der Community im Vergleich zu konkreten Aktivitäten der Mitarbeitergewinnung beibehalten. Somit ist die Frequenz der kurzfristigen Nutzung in einer langfristigen Strategie begrenzt durch die zeitliche Investition in eine Community.

Einen Überblick über kurzfristige Werbestrategien in sozialen Netzwerken bietet die folgende Tabelle:

Strategie	Ort	Vorgehen
Personen ansprechen	geschäftliches Netzwerk	▪ Suchen nach passenden Profilen ▪ Ansprache mit Bezugnahme auf das Profil
Stellen inserieren	geschäftliches Netzwerk	▪ kostenlos als Netzwerk-Mitteilung ▪ kostenpflichtig als Inserat im Job-Bereich
Stellen bekannt geben	fachliches Netzwerk	▪ kostenlos in dafür definierten Bereichen ▪ eventuell kostenpflichtig als Werbung
Stellensuchende finden	fachliches Netzwerk	▪ Suchen in dafür definierten Bereichen ▪ Abonnieren von neuen Einträgen
Werbung schalten	privates Netzwerk	▪ bezahlte Werbung mit Link auf Angebot ▪ klare Eingrenzung der Zielgruppe

Tab. 5: Kurzfristige Werbestrategien in sozialen Netzwerken

6.2.1 Personen ansprechen in geschäftlichen Netzwerken[20]

Geschäftliche Netzwerke sind auf die Kontaktanbahnung und -pflege ausgerichtet. Somit ist es erlaubt und üblich, selbst unbekannte Personen in diesen Netzwerken zu kontaktieren. Jedoch sollte man den Aufwand einer guten Ansprache nicht unterschätzen, ebenso wenig wie den daraus resultierenden Folgeaufwand. Eine gute Ansprache nimmt Bezug auf die Informationen, die einem zu der anzusprechenden Person zur Verfügung stehen. Die Qualität und Individualität der Ansprache entscheidet in aller Regel über den Erfolg der Bemühungen.

Betrachtet man das Profil einer Person auf Xing, so wird jeweils angezeigt, ob diese Person an Karrierechancen interessiert ist. Diese Information finden Sie auf der rechten Seite, wie die folgende Abbildung zeigt. Natürlich werden in der Regel passiv Stellensuchende diese Option nicht auswählen, weil Arbeitskollegen oder Vorgesetzte diese Information auch lesen könnten. Man kann sich also gut auf die Aussage berufen, dass jemand an Karrierechancen interessiert ist. Umgekehrt bedeutet das Fehlen eines entsprechenden Hinweises nicht, dass die Person grundsätzlich nicht interessiert ist. Die Ansprache sollte in diesem Fall jedoch zurückhaltender erfolgen und die Frage beinhalten, ob die Person eventuell an der genannten Stelle interessiert sein könnte.

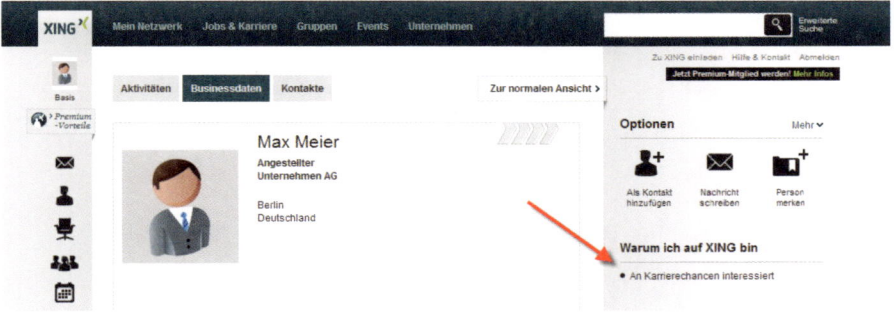

Abb. 31: Information zu Karriereinteressen direkt neben dem Profil (xing.com)

---

20 Xing wird in diesem Praxisratgeber als zentrales Beispiel für geschäftliche Netzwerke herangezogen. Die Funktionalitäten bei LinkedIn sind größtenteils vergleichbar.

Bevor man eine Person anspricht, sollte man zuerst das Profil studieren und sich Gedanken machen, auf welche Art und Weise man das Interesse der Person wecken könnte. Auf welche Interessen, Erfahrungen, Ausbildungen oder Ähnliches kann man sich sinnvollerweise beziehen, um zu erklären, warum man den Kontakt sucht? Das folgende Bildschirmfoto zeigt, wie ein Profil in einem geschäftlichen Netzwerk (hier am Beispiel von Xing) aussehen könnte:

Über mich

Ich bin jung, aufgeschlossen, freundlich und kreativ, möchte Erfahrungen im Berufsleben machen und freue mich über jedes Angebot.
Mir ist wichtig, dass ich hinter der Firma und dem Produkt stehen kann, dass ich mit einem tollen Team zusammenarbeite und Veranwortung übernehmen kann.

> Mehr

Persönliches

Ich suche	Interessante Aufgaben, Lernmöglichkeiten, Entwicklungsmöglichkeiten, Verantwortung
Ich biete	HR Know-how, Neue Medien Expertise, Marketing Kenntnisse, Umsetzungsstärke
Interessen	Sport (Tennis, Ski), Tanzen (klassisch, lateinamerikanisch), Musik (Jazz, Pop)
Organisationen	Pfadfinder, Rotes Kreuz

Berufserfahrung (1 Jahr, 9 Monate)

02/2010 - heute (1 Jahr, 9 Monate)	**Angestellter** (Angestellter (Vollzeit), Berufseinsteiger) Unternehmen AG, http://www.homepage.de
	Branche: Computer Software Gesellschaft in privater Hand, 201-500 Mitarbeiter
Beschäftigungsart	Angestellter

Abb. 32: Beispielprofil in einem geschäftlichen Netzwerk (Xing.com)

Netiquette-Regeln beim Schreiben von Kontaktanfragen

Geschäftliche Netzwerke bieten meist „Netiquette-Regeln" an, d.h. Benimmregeln im geschäftlichen Netzwerk. Diese Verhaltensregeln geben hilfreiche Hinweise, wie andere Mitglieder des Netzwerks angesprochen werden wollen.

Das Netzwerk Xing stellt vier Netiquette-Regeln auf:

- Sollte Ihnen der Empfänger nicht direkt bekannt sein, sprechen Sie ihn trotzdem persönlich mit Namen an. Sonst könnte schnell der Eindruck von Massenmails entstehen.

- Stellen Sie einen **Bezug zum Profil des Adressaten** her. Netzwerken hat viel mit „Geben und Bekommen" zu tun – machen Sie deutlich, warum der Kontakt eine Bereicherung für beide Seiten wäre. Orientieren Sie sich an den Feldern „Ich suche/Ich biete".

- In der schriftlichen Kommunikation fällt der visuelle Eindruck weg – das kann zu Missverständnissen führen. Wählen Sie deshalb **eine eindeutige Sprache**; Tonfall und Inhalt Ihrer Nachrichten sollten angemessen sein – versetzen Sie sich in die Lage des Empfängers, wenn Sie unschlüssig sind.

- Massen-Nachrichten, Multilevel Marketing (MLM) und Spam sind auf XING verboten!

Wie Sie einen Teilnehmer in einem geschäftlichen Netzwerk richtig ansprechen, zeigt das folgende Beispiel:

▶ Beispiel: Ansprache von Max Meier

HR Marketingstrategie für ein Unternehmen, hinter dem man stehen kann

Hallo Herr Meier,

Ihnen ist wichtig, dass Sie hinter der Firma und dem Produkt stehen können. Es hat mich sehr angesprochen, dass Sie dies als erstes erwähnen. Genau Persönlichkeiten wie Sie suchen wir, denen der Inhalt ihrer Arbeit wichtig ist – und die sich nicht nur als HR-Experten verstehen. Ich selbst verbringe mindestens einmal pro Monat einen Tag bei uns in der Produktion und spreche mit Linienvorgesetzten und Mitarbeitern über die konkreten Aufgaben und Probleme. Und ich kann Ihnen versichern, dass auch ich nicht in einer Firma arbeiten wollte, hinter deren Produkten ich nicht stehen könnte.

Wir suchen jemanden, der unsere HR-Marketingstrategie einfallsreich und professionell mitgestaltet und sich laufend weiter entwickeln möchte. Ihr Profil scheint unsere Anforderungen zu treffen und Sie haben angegeben, dass Sie an Karrierechancen interessiert sind. Deshalb erlaube ich mir, Sie mit unserem Stellenangebot zu kontaktieren: tiny.cc/waa9s.[21] Ich würde mich sehr freuen, wenn Sie sich bei uns bewerben.

Freundliche Grüße

Petra Simon

Zwei Wege der Kontaktaufnahme in geschäftlichen Netzwerken

In geschäftlichen Netzwerken kann man meist über zwei Wege Kontakt zu einer Person aufnehmen. Entweder durch eine Kontaktanfrage oder über eine Nachricht:

- Kontaktanfrage:
  Die Kontaktanfrage ist vergleichbar mit dem Austausch von Visitenkarten. Sie ist erst üblich, nachdem man bereits ein erstes Gespräch geführt hat oder sich in einem Treffen kennengelernt hat.

- Nachricht:
  Die Nachricht ist vergleichbar mit einem Gespräch im Rahmen einer Konferenz oder Messe, um sich gegenseitig kennenzulernen und gemeinsame Interessen zu identifizieren.

Ansprache über eine einfache Kontaktanfrage

Für die Ansprache mit einem konkreten Stellenangebot eignet sich eine Nachricht besser als eine Kontaktanfrage. Die Kontaktanfrage sollte man nur verwenden, wenn man mit der Person längerfristig in Kontakt bleiben möchte. Falls sich dann tatsächlich über die Anfrage mittels Nachricht ein Kontakt herstellt, kann man die Person auch bitten, die Kontaktdaten auszutauschen, um weiterhin in Kontakt zu bleiben. Dies zeigt der Person, dass man länger-

---

21 Häufig sind Jobinserate nur über eine lange Internetadresse direkt aufzurufen. Um diese Internetadresse weniger technisch erscheinen zu lassen und zu verkürzen, gibt es verschiedene Dienste wie beispielsweise tiny.cc, bit.ly, goo.gl. Mehr dazu auf Wikipedia: tiny.cc/KurzURL.

fristig an einem Kontakt interessiert ist, selbst wenn sie kein Interesse an dem konkreten Stellenangebot haben sollte. In der realen Welt entspricht die Nachricht einem unverbindlichen Gespräch auf einer Stellenmesse – bei gegenseitigem Interesse entspricht die Kontaktanfrage dem Austausch von Visitenkarten.

Die folgenden Bildschirmfotos zeigen exemplarisch, wie die Kontaktaufnahme bei Xing abläuft.

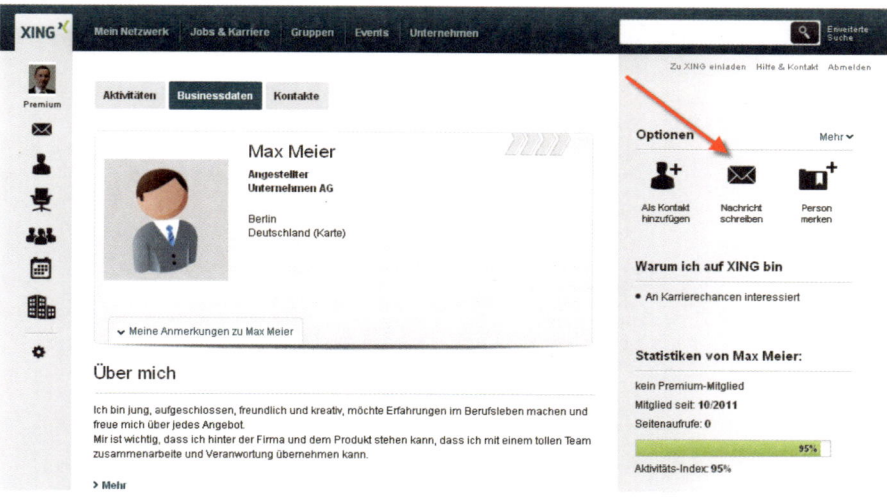

Abb. 33: Kontaktaufnahme mit Personen über Nachrichten (xing.com)

113

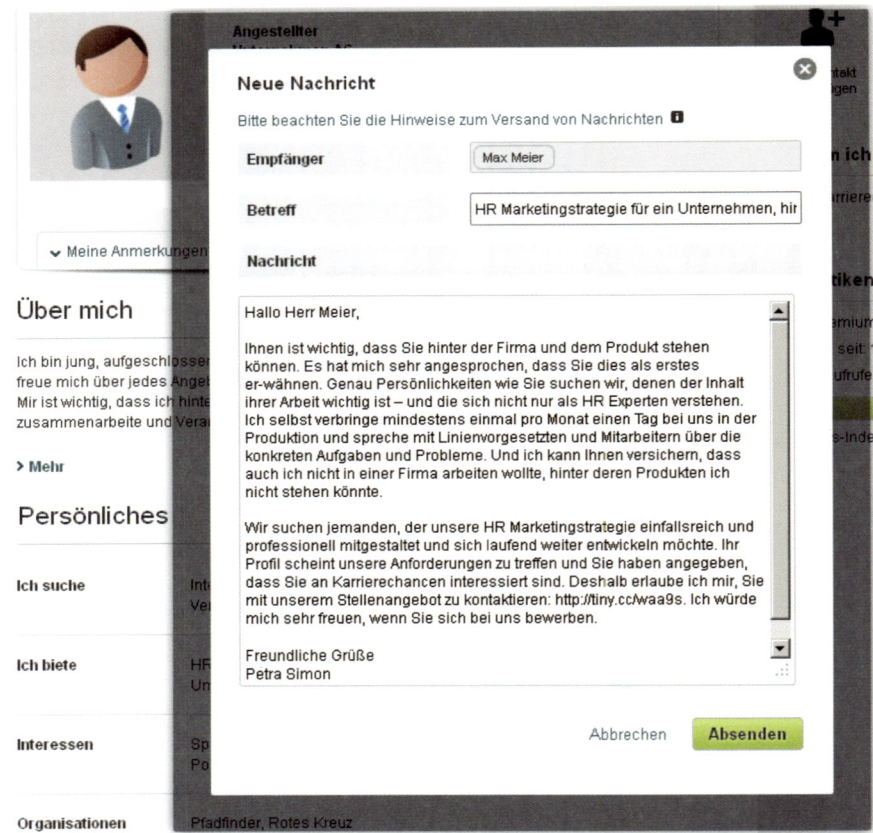

Abb. 34: Kontaktaufnahme über eine Nachricht (xing.com)

Die kostenlose Mitgliedschaft in geschäftlichen Netzwerken erlaubt meist nur die Kontaktaufnahme über eine „Kontaktanfrage". „Nachrichten", die der besser geeignete Kanal wären, sind lediglich über eine kostenpflichtige Mitgliedschaft möglich.

Bei Xing wird auf den (kostenpflichtigen) Premiumzugang verwiesen, der auch das Verfassen von Nachrichten, die über die Kontaktanfrage hinausgehen, erlaubt:

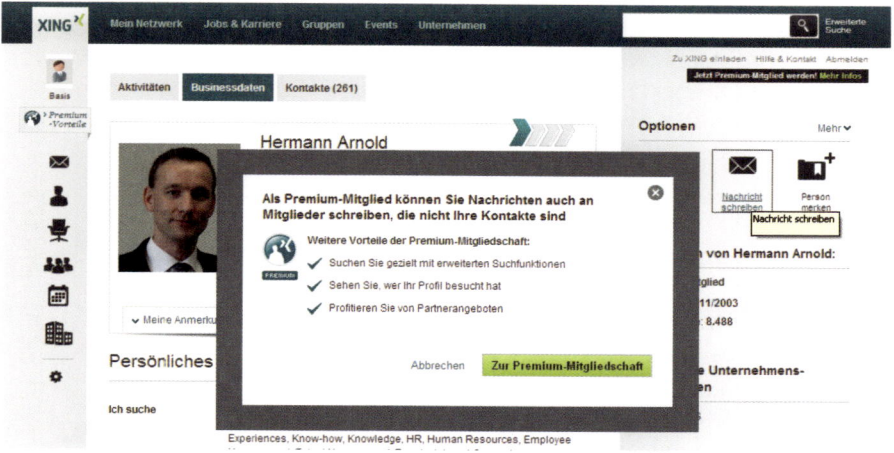

Abb. 35: Hinweis auf den Premiumzugang, um Nachrichten zu schreiben (xing.com)

Für seltene und sehr gezielte Anfragen oder erste Versuche der Direktansprache in geschäftlichen Netzwerken kann man den kostenlosen Weg der „Kontaktanfrage" durchaus beschreiten. Hierbei sollte man jedoch noch individuel-
ler auf das Profil der kontaktierten Person eingehen, da Sie ja quasi die Person
mit der ersten Ansprache bereits um den Austausch von Visitenkarten bitten.
Die Länge des Textes bei Kontaktanfragen ist häufig beschränkt, bei Xing auf
600 Zeichen, um die kontaktierten Personen vor seitenlangen Ansprachen zu
bewahren.

Das folgende Beispiel und das Bildschirmfoto zeigen, wie Sie den Teilnehmer
eines geschäftlichen Netzwerks über eine Kontaktanfrage ansprechen:

▶ **Beispiel: Ansprache von Max Meier über eine Kontaktanfrage**

Hallo Herr Meier,

auf der Suche nach Personen mit Kompetenzen im HR-Marketing bin ich auf
Ihr Profil aufmerksam geworden. Ich erlaube mir, Sie anzusprechen, weil Sie
angegeben haben, dass Sie sich für Karrierechancen interessieren.

Wir suchen Persönlichkeiten wie Sie, denen die Firma und das Produkt wichtig sind. Möchten Sie unsere HR-Marketingstrategie einfallsreich und professionell mitgestalten? Darf ich Sie auf unser Stellenangebot aufmerksam machen: tiny.cc/waa9s. Wir würden uns sehr freuen, wenn Sie sich bei uns bewerben.

Freundliche Grüße

Petra Simon

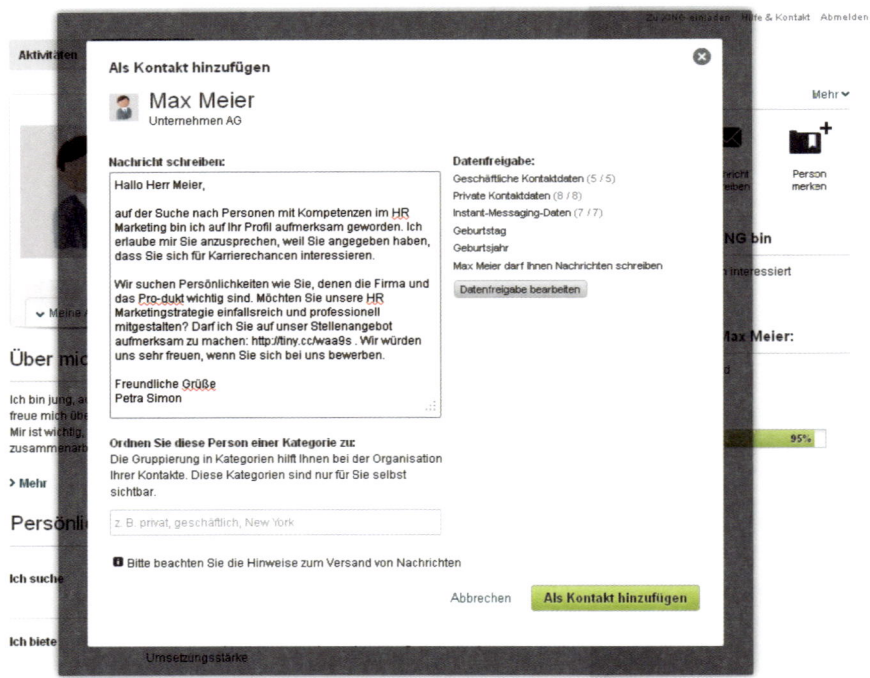

Abb. 36: Ansprache über eine Kontaktanfrage (xing.com)

Wichtig ist in jedem Fall, auf Antworten schnell und konkret zu reagieren. Deshalb sollten Sie vermeiden, mehr Personen anzuschreiben, als Sie zeitlich handhaben können. Es empfiehlt sich deshalb, nur vielversprechende Profile zu kontaktieren und die Anfragen zeitlich zu staffeln. Mit der Zeit sammeln

Sie die Erfahrung, wie viele Personen man auf welche Art erfolgreich ansprechen kann.

6.2.2 Personen finden in geschäftlichen Netzwerken[22]

Geschäftliche Netzwerke bieten unterschiedliche Möglichkeiten, passende Personen zu finden. Für einfache Suchanfragen ist dies sogar meist kostenlos möglich. Je detaillierter man Suchen gestalten will, desto mehr kosten die notwendigen Zugänge.

Typische Zugänge in geschäftlichen Netzwerken

- Kostenloser Zugang: einfache Suchmöglichkeiten, eingeschränkte Resultate und Kontaktaufnahme nur über Kontaktanfragen möglich
- Kostenpflichtiger Zugang: erweiterte Suchmöglichkeiten, z. B. gezielt in einzelnen Feldern und Kontaktaufnahme auch über Mitteilungen möglich
- Professioneller Zugang: Suchmöglichkeiten ausgerichtet für professionelle Recruiter

Suchen mit dem kostenlosen Zugang

Mit einem kostenlosen Zugang, der lediglich die Registrierung auf einem geschäftlichen Netzwerk erfordert, kann man in der Regel unstrukturiert, d.h. mittels Stichworten, nach Informationen im Profil der Personen suchen. Dies zeigt das folgende Bildschirmfoto:

---

22 Xing wird in diesem Praxisratgeber als zentrales Beispiel für geschäftliche Netzwerke herangezogen. Die Funktionalitäten bei LinkedIn sind größtenteils vergleichbar.

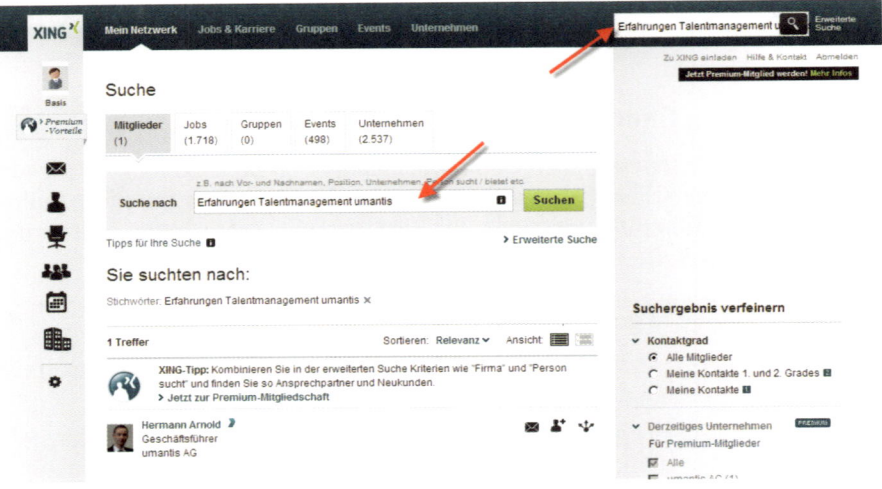

Abb. 37: Suche nach Profilen mit kostenlosem Zugang (xing.com)

Diese kostenlosen Suchanfragen durchsuchen die Kategorien „Ich suche", „Ich biete", „Berufserfahrung", „Ausbildung" und andere Angaben in Profilen.

Welche Inhalte können im Profil enthalten sein?

■ Kompetenzen oder „Ich biete"
Was sollten Ihre Kandidaten können? Welche Kompetenzen oder Erfahrungen suchen Sie in Ihrem Stelleninserat?

■ Jobtitel
Welche Positionen mit welchen Stellenbezeichnungen könnten Kandidaten in vergleichbaren Arbeitsverhältnissen inne gehabt haben?

■ Ausbildung
Welche Ausbildung haben typischerweise die gewünschten Kandidaten?

Welche Suchstrategien sind empfehlenswert?

■ Starten Sie mit wenigen, zentralen Begriffen und geben Sie laufend weitere ergänzende und einschränkende Begriffe ein, bis die Anzahl der Suchergebnisse überschaubar und vor allem auch bearbeitbar ist.

- Beobachten Sie in den gefundenen Profilen, welche Begriffe bei gut geeigneten Kandidaten vorkommen. Nutzen Sie diese für die Erweiterung und Abwandlung Ihrer Suchbegriffe.
- Suchen Sie nach Personen, die sie kennen und die für diese Stelle geeignet wären – z.B. aktuelle und ehemalige Mitarbeiter, Mitarbeiter bei Wettbewerbern. Welche Begriffe finden Sie in deren Profilen, die für Ihre Suche passen würden?

Suchanfragen mit dem kostenpflichtigen Zugang

Mit einem kostenpflichtigen Zugang können Sie von einer differenzierteren Suchmaske Gebrauch machen. Sie können festlegen, in welchen Feldern bestimmte Begriffe gefunden werden sollen. So sind Profile mit dem Begriff „HR-Marketing" im Feld „Ich biete" natürlich andere als solche, die den Begriff im Feld „Ich suche" angeben.

Das folgende Bildschirmfoto zeigt die erweiterte Suchmaske bei Xing:

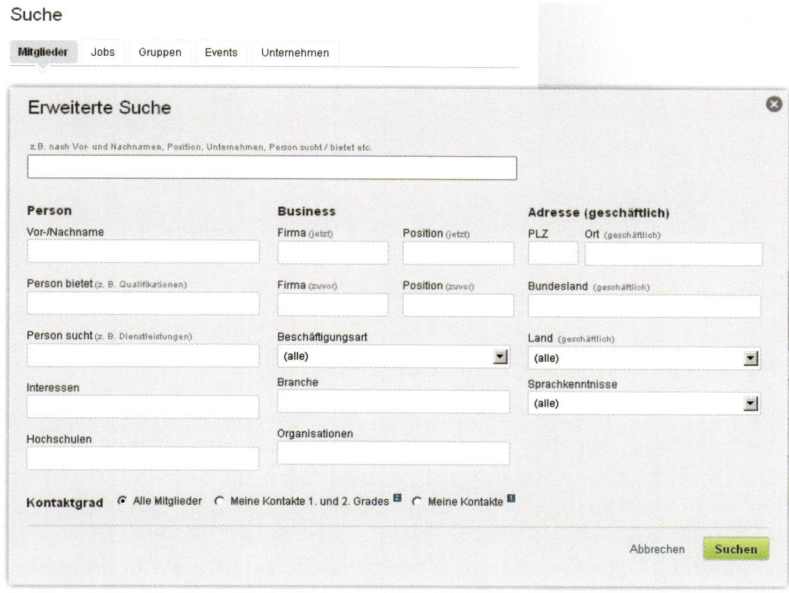

Abb. 38: Erweiterte Suche bei kostenpflichtiger Mitgliedschaft (xing.com)

Der kostenpflichtige Zugang bietet Ihnen auch effiziente Suchfilter am rechten Rand der Suchergebnisse. Hier werden weitere Suchbegriffe in verschiedenen Bereichen wie „derzeitiges Unternehmen", „Sprache", „Land", „Ort geschäft-lich", „Beschäftigungsart" und „Branche" angegeben, die in den Suchresultaten vorkommen. Die Anzahl in Klammer zeigt Ihnen an, wie viele Profile diesen Suchbegriff beinhalten. So können Sie gezielt die Suchresultate weiter ein-schränken, z. B. nach dem Ort, an dem die Person aktuell arbeitet (vgl. das folgende Bildschirmfoto).

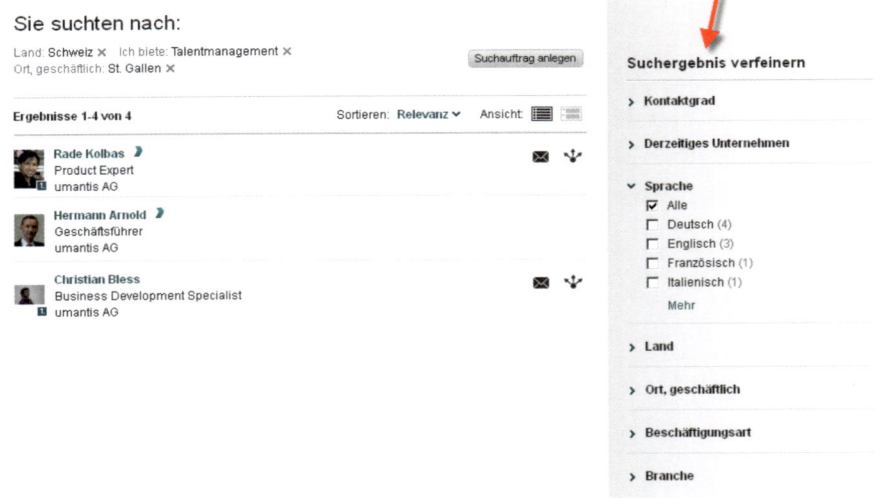

Abb. 39: Suchfilter zum Eingrenzen der Suchergebnisse (xing.com) `

Suchen mit dem professionellen „Recruiter"–Zugang

Mit dem professionellen Zugang kann man gezielt nach weiteren Angaben suchen, die spezifisch für die Ansprache im Kontext von Stellenangeboten nützlich sind. So kann man Kandidaten effizient finden, die bereits seit zwei bis fünf Jahren in ihrer aktuellen Position beschäftigt sind und daher eventuell eher geneigt sind, sich neue Stellenangebote anzusehen. Ebenso können Sie gezielt nach Personen suchen, die ein Interesse an Karrierechancen angegeben haben (vgl. das folgende Bildschirmfoto).

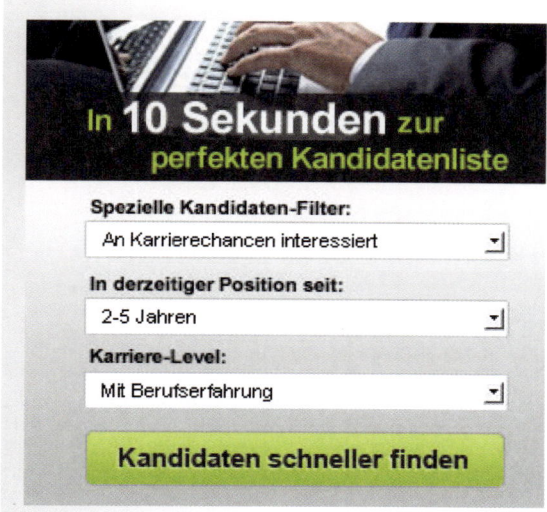

Abb. 40: Schnellsuche nach Mitgliedern, die an Karrierechancen interessiert sind (xing.com)

Die Filter neben den Suchergebnissen sind auf die Bedürfnisse der Mitarbeitersuche ausgerichtet. So können Sie die Suchergebnisse weiter einschränken nach Kriterien, die potenzielle Kandidaten effizienter auffinden lassen. Die Übersichtseite der Suchergebnisse zeigt bereits an, in welchem Kontext die gesuchten Begriffe gefunden wurden. Die Suchergebnisse stellen eine relevante Kurzübersicht der Profile dar, so muss nicht jedes Profil eigens geöffnet und durchgelesen werden. Es ist zu erwarten, dass ein Verkaufsleiter bei einem großen Unternehmen durchaus alle Kompetenzen für einen Verkaufsassistenten in einem mittelgroßen Unternehmen mit sich bringt – aber es ist genauso anzunehmen, dass diese Person wahrscheinlich nicht an dem Stellenangebot interessiert ist.

Xing bietet z. B. weitere Suchoptionen auf dem kostenpflichtigen „Recruiter-Zugang" an:

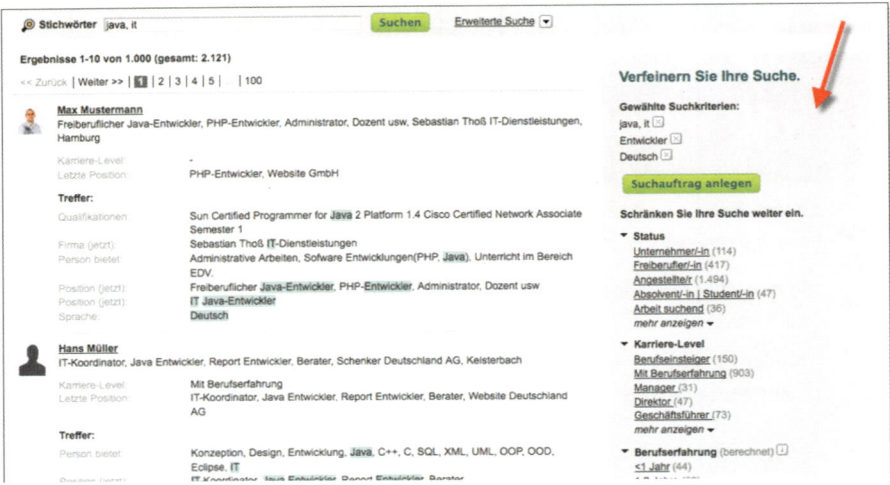

Abb. 41: Weitere Suchoptionen mit dem kostenpflichtigen „Recruiter"-Zugang (xing.com)

6.2.3 Stellen inserieren in geschäftlichen Netzwerken[23]

Geschäftliche Netzwerke wie Xing oder LinkedIn bieten eigene Bereiche an, in denen gezielt Stelleninserate geschaltet werden können. Da geschäftliche Netzwerke Lebenslaufdaten ihrer Mitglieder verfügbar haben, können sie Stellenangebote empfehlen, die mit dem Profil des Mitglieds übereinstimmen.

---

23 Xing wird in diesem Praxisratgeber als zentrales Beispiel für geschäftliche Netzwerke herangezogen. Die Funktionalitäten bei LinkedIn sind größtenteils vergleichbar.

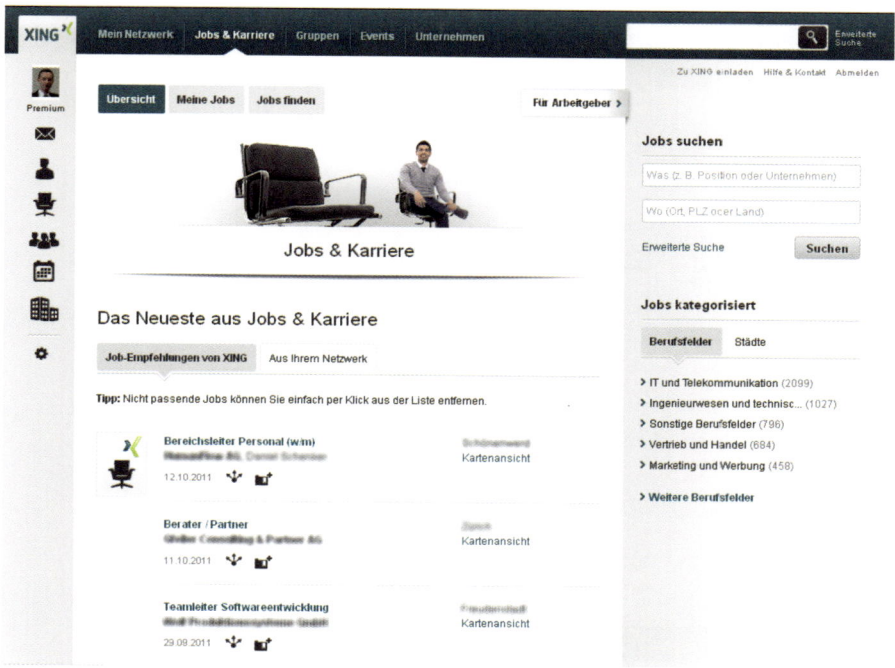

Abb. 42: Stellenvorschläge in geschäftlichen Netzwerken (xing.com)

Und diese Netzwerke bieten auch effiziente Möglichkeiten für Kandidaten, nach Stellenangeboten zu suchen. Entweder direkt im Bereich „Job & Karriere" oder bei den „normalen" Suchergebnissen.

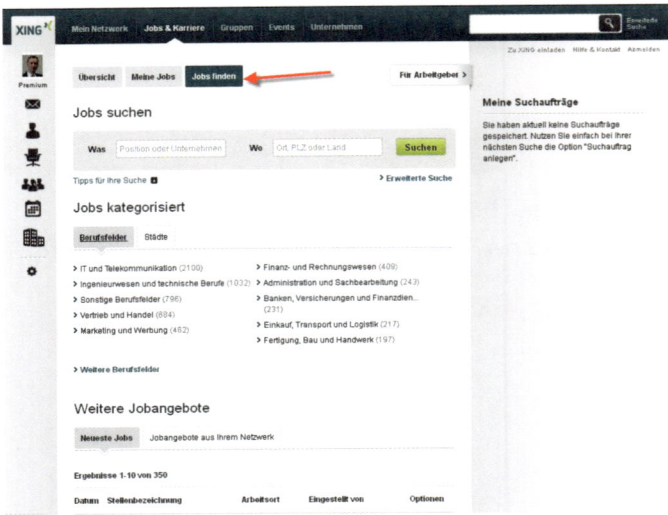

Abb. 43: Suche nach Stellenangeboten für Kandidaten (xing.com)

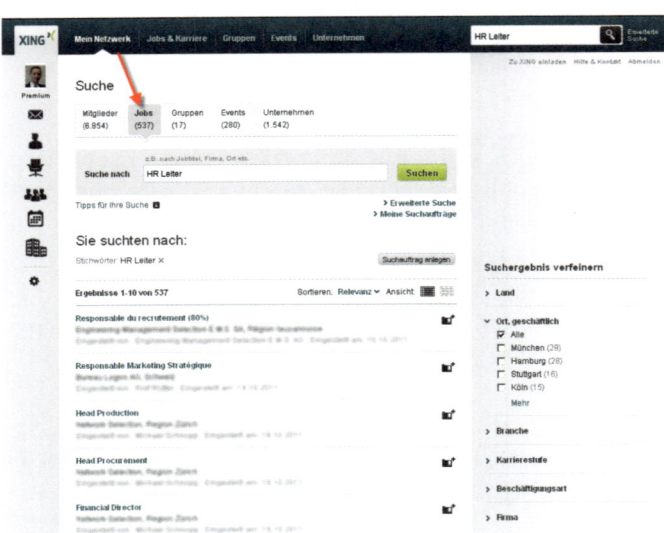

Abb. 44: Jobangebote in der „normalen" Suche (xing.com)

So können sich potenzielle Kandidaten laufend über neue Stellenangebote informieren. Kandidaten können auch Suchaufträge anlegen, die ihnen laufend neue Stellenangebote zusenden, sobald diese ihren Kriterien entsprechen.

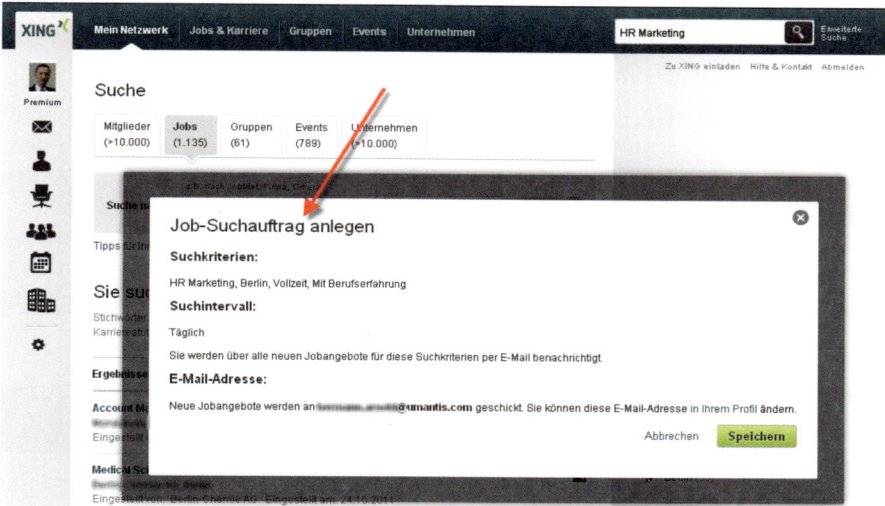

Abb. 45: Suchauftrag anlegen für Personen, die an Karrierechancen interessiert sind (xing.com)

Typische Modelle für Stelleninserate in geschäftlichen Netzwerken

Geschäftliche Netzwerke bieten unterschiedliche Modelle an, Stellenanzeigen zu schalten:

- Kostenfreier Hinweis in den Statusmeldungen
  Sie können über allgemeine oder sogar spezifische Hinweise in Ihren Statusmeldungen auf Stelleninserate aufmerksam machen. Diese Möglichkeit ist kostenfrei, meist aber bezüglich der Reichweite eingeschränkt.
- Inserat mit Kosten pro Klick
  Sie schalten ein Inserat und bezahlen pro Klick einen festgelegten Preis. Sie können selbst festlegen, wie viele Klicks Sie maximal erhalten wollen, um Ihr Budget nicht zu überschreiten. (Bei Xing ist diese Option nur für reine Textinserate vorgesehen.)

■ Inserat mit Festpreis pro Laufzeit
Sie schalten ein Inserat und bezahlen für eine gewisse Laufzeit, meist
30 Tage, eine vordefinierte Summe. Auf diese Weise zahlen Sie keinen
Preis pro Klick. (Bei Xing können Sie mit dieser Option auch Inserate
gestalten.)

Kostenfreier Hinweis in den Statusmeldungen

Geschäftliche Netzwerke haben das Konzept der Statusmeldungen oder Mitteilungen von privaten Netzwerken wie Facebook oder Twitter übernommen.
Sie können Kurznachrichten schreiben, die von allen Personen Ihres Netzwerkes
und potenziell auch von allen Mitgliedern gelesen werden können. Typischerweise sehen aber nur Ihre direkten Kontakte den Hinweis in ihrer eigenen
Infobox. Weitere Benutzer der Netzwerke sehen diese Hinweise nur, wenn sie
gezielt Ihr Profil öffnen. Dies zeigen die folgenden Bildschirmfotos am Beispiel
von Xing:

Abb. 46: Hinweis auf ein Stellenangebot über eine Netzwerk-Mitteilung (xing.com)[24]

---

24 Häufig sind Jobinserate nur über eine lange Internetadresse direkt aufzurufen. Um diese Internetadresse
weniger technisch erscheinen zu lassen und zu verkürzen, gibt es verschiedene Dienste wie beispielsweise
tiny.cc, bit.ly, goo.gl. Mehr dazu auf Wikipedia: tiny.cc/KurzURL.

Abb. 47: Darstellung des Hinweises in der Infobox der direkten Kontakte (xing.com)

Sie können auch eine Linkempfehlung zu dem Stelleninserat veröffentlichen. Die Erstellung der Nachricht sieht etwas anders aus und benötigt keine Kurz-Internetadresse, wie das folgende Bildschirmfoto wiederum am Beispiel von Xing zeigt.

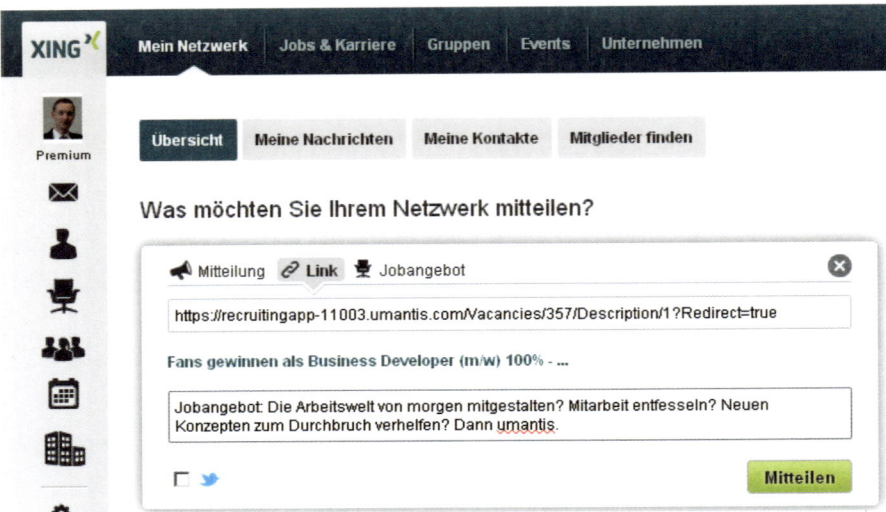

Abb. 48: Hinweis auf ein Stelleninserat als Linkempfehlung (xing.com)

Ebenso ist die Darstellung der Nachricht etwas anders als eine einfache Statusmitteilung (vgl. Abb. 49).

Abb. 49: Darstellung einer Statusmeldung mit Linkempfehlung (xing.com)

Xing bietet aktuell als Beta ein Mini-Inserat an. Dieses Inserat hat jedoch aktuell gegenüber einer „einfachen" Statusmeldung keinen Vorteil, weil das Inserat lediglich von den direkten Kontakten und Besuchern auf dem eigenen Profil gelesen werden kann. Es erscheint nicht in der allgemeinen Jobsuche von Xing.[25]

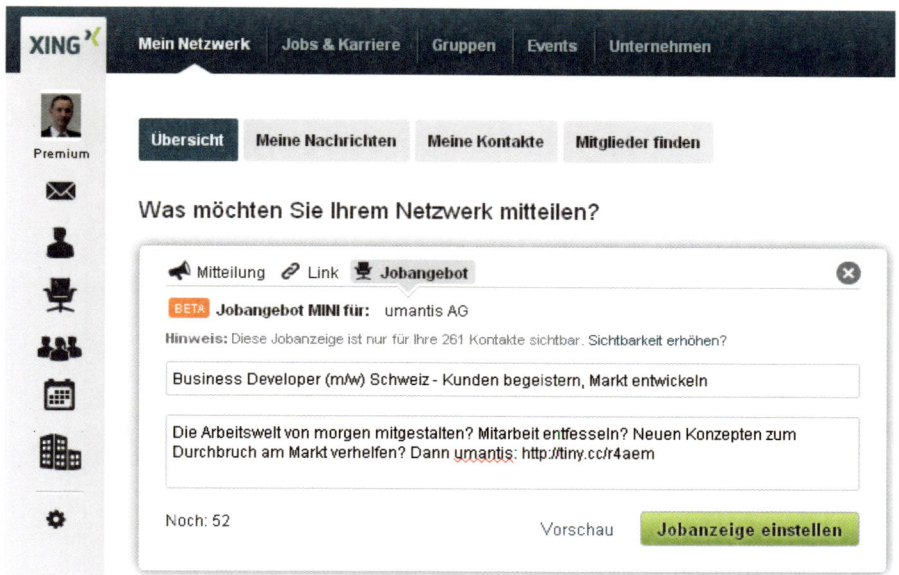

Abb. 50: Hinweis auf ein Stellenangebot als Mini-Inserat (xing.com)

Welche der Möglichkeiten Sie auch immer wählen, die kostenlose Statusmitteilung hat meist nur eine beschränkte Reichweite und führt deshalb nicht immer zu dem gewünschten Erfolg. Der Erfolg einer kostenlosen Strategie über Statusmitteilungen ist abhängig von der Anzahl eigener Kontakte sowie davon, wie viele Kollegen und Freunde Sie dazu bewegen können, ebenfalls eine ähnliche Statusmeldung zu verfassen oder die eigene zu empfehlen. Lesen Sie dazu auch Kapitel 6.3 (siehe S. 166) „Langfristige Marketingstrategien in sozialen Netzwerken".

Inserat mit Kosten pro Klick

Bei einem Inserat mit Kosten pro Klick sollten Sie darauf achten, dass bereits der Stellentitel sehr aussagekräftig ist. Dadurch klicken nur Kandidaten auf das

---

25 Da es sich hierbei um ein Beta-Angebot handelt, kann sich der Leistungsumfang jederzeit noch ändern und eventuell weitere Möglichkeiten bieten.

Inserat, die wirklich an der Stelle interessiert sein könnten. Andernfalls bezahlen Sie für zufällige Klicks, die weniger häufig zu einer Bewerbung führen.

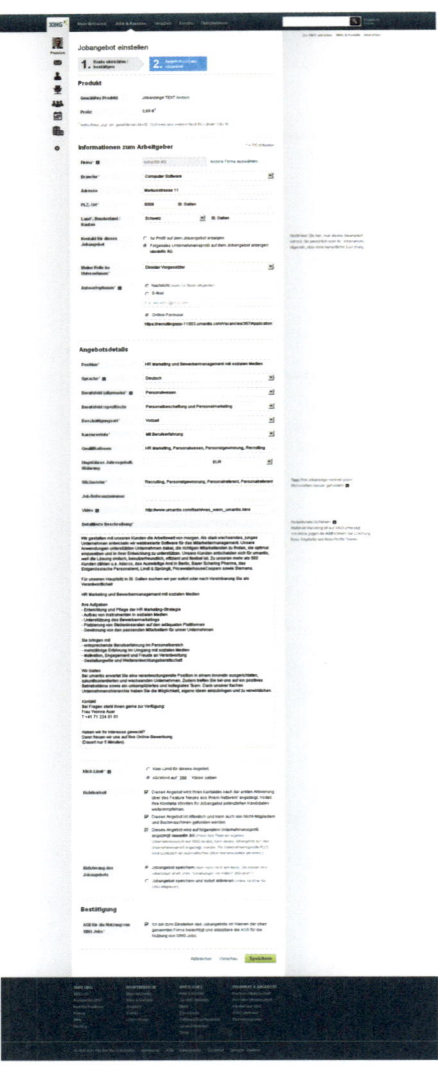

Abb. 51: Stelleninserat erstellen auf geschäftlichen Netzwerken (xing.com)

Den Ort oder den Firmennamen müssen Sie nicht in den Jobtitel aufnehmen, da diese Informationen beim Stelleninserat bereits auf der Übersichtsseite angezeigt werden. Bei den Antwortoptionen können Sie direkt die Internetadresse angeben, über die das Bewerbungsformular für genau die entsprechende Stelle aufgerufen wird.

Da das Stellenangebot mit Bezahlung pro Klick bei Xing lediglich ein Textinserat erlaubt, gibt es zwei Möglichkeiten, dieses Inserat zu gestalten: Entweder Sie versuchen, die gesamten Inhalte des Inserates möglichst optimal in Textform darzustellen. Dadurch können potenzielle Kandidaten sich direkt im Xing-Stellenangebot informieren und entscheiden, ob sie interessiert sind.

Als Alternative können Sie auch einen kurzen und ansprechenden Text formulieren und direkt auf das Stelleninserat auf Ihrer Unternehmenswebseite verlinken. Dies kann gerade für reine Textinserate eine gute Alternative sein, da Kandidaten dann keine zu langen Texte lesen müssen. Ein Beispiel für ein solches Kurzinserat gibt das folgende Bildschirmfoto.

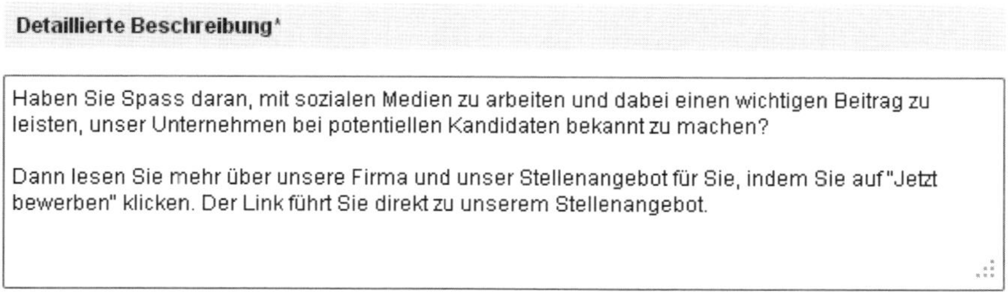

Detaillierte Beschreibung

Haben Sie Spass daran, mit sozialen Medien zu arbeiten und dabei einen wichtigen Beitrag zu leisten, unser Unternehmen bei potentiellen Kandidaten bekannt zu machen?

Dann lesen Sie mehr über unsere Firma und unser Stellenangebot für Sie, indem Sie auf "Jetzt bewerben" klicken. Der Link führt Sie direkt zu unserem Stellenangebot.

Abb. 52: Kurzinserat als Text mit Verweis auf das Stelleninserat (xing.com)

Inserat mit Festpreis pro Laufzeit

Ein Inserat mit einem Festpreis sollten Sie schalten, wenn Sie davon ausgehen, dass sich viele Kandidaten für die entsprechende Stelle interessieren. Dann bezahlen Sie einen vordefinierten Preis und können so viele Bewerbungen wie möglich anziehen. In diesem Fall sollte der Stellentitel möglichst ansprechend und einladend formuliert sein.

Xing bietet zur Steigerung der Attraktivität dieser Option auch an, dass man das Inserat besser gestalten kann – durch einfache Formatierungen, Überschriften, Aufzählungszeichen und die Einbettung von Links und PDFs. Dies zeigt das folgende Bildschirmfoto.

Detaillierte Beschreibung*

| **B** | *i* | ≔ ≔ | 🔗 | H1 H2 H3 | ¶ | HTML |

Wir gestalten mit unseren Kunden die **Arbeitswelt von morgen**. Als stark wachsendes, junges Unternehmen entwickeln wir webbasierte Software für das Mitarbeitermanagement. Unsere Anwendungen unterstützten Unternehmen dabei, die richtigen Mitarbeitenden zu finden, sie optimal einzusetzen und in ihrer Entwicklung zu unterstützen. Unsere Kunden entscheiden sich für umantis, weil die Lösung einfach, benutzerfreundlich, effizient und flexibel ist. Zu unseren mehr als 500 Kunden zählen u.a. Adecco, das Auswärtige Amt in Berlin, Bayer Schering Pharma, das Eidgenössische Personalamt, Lindt & Sprüngli, PricewaterhouseCoopers sowie Siemens.

Für unseren Hauptsitz in St. Gallen suchen wir per sofort oder nach Vereinbarung Sie als Verantwortliche/r

HR Marketing und Bewerbermanagement mit sozialen Medien

Ihre Aufgaben

- Entwicklung und Pflege der HR Marketing-Strategie
- Aufbau von Instrumenten in sozialen Medien
- Unterstützung des Bewerbermarketings
- Platzierung von Stelleninseraten auf den adäquaten Plattformen
- Gewinnung von den passenden Mitarbeitern für unser Unternehmen

Unternehmenslogo 🛈   umantis human resource solutions   [Ändern] [Löschen]

Zusätzlich als PDF 🛈   posting.pdf [Ändern] [Löschen]

Abb. 53: Inserat erstellen mit einfachen Gestaltungsmöglichkeiten (xing.com)

Xing bietet auch die Option an, ein Stelleninserat mit einem individuellen Design zu schalten, wie das folgende Bildschirmfoto zeigt. Dazu können Sie Ihr bestehendes Stellenangebot direkt an das Service-Team von Xing senden. Xing übernimmt die Gestaltung und auch die Kategorisierung des Stellenangebotes.

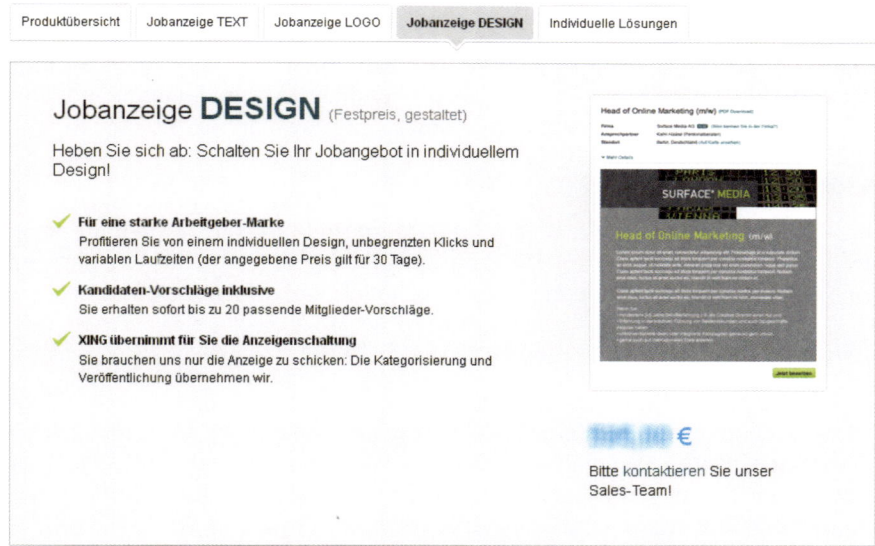

Abb. 54: Stellenanzeigen mit individuellem Design (xing.com)

Hinweise zur Gestaltung von Stelleninseraten[26]

Für die besten Ergebnisse bei Ihrer Kandidatensuche empfehlen wir Ihnen die folgenden Tipps & Tricks zur Gestaltung von Stellenanzeigen:

Stichwörter

Geben Sie möglichst viele relevante Schlüsselwörter der Stellenbeschreibung an, z.B. Jobbezeichnung und Synonyme, gewünschte Qualifikation, Standort, Branche etc. Diese werden bei der Jobsuche mit berücksichtigt.

---

26 Hinweise von Xing.

Qualifikationen

Nennen Sie wichtige Qualifikationen, die ein Bewerber mitbringen sollte (z.B. SQL-Kenntnisse, Englischkenntnisse, 3 Jahre Berufserfahrung) und sortieren Sie sie nach Priorität (wichtigste zuerst).

Klick-Limit

Wenn Sie die „Jobanzeige TEXT" wählen, empfehlen wir eine Mindestmenge von 250 Klicks, damit Ihre Anzeige ausreichend lange für passende Kandidaten sichtbar ist. Sie können dieses Limit jederzeit erhöhen.

Besucher Ihres Profils

Über „Mitglieder, die kürzlich mein Profil aufgerufen haben" können Sie sehen, wer über Ihr Jobangebot auf Ihr Profil gekommen ist. Sprechen Sie passende Kandidaten direkt an, wenn diese sich noch nicht beworben haben.

Soziale Nutzung der Stelleninserate

Die Stelleninserate auf geschäftlichen Netzwerken sind mit dem Profil des Ausschreibenden oder mit dem Unternehmensprofil verlinkt. Manche Kandidaten betrachten das Stelleninserat und anschließend das verknüpfte Profil des Unternehmens oder der ausschreibenden Person. Nicht alle Kandidaten bewerben sich schließlich auf die Stelle (vgl. Abb. 55).

Mit einem kostenpflichtigen Zugang kann man sehen, welche Personen ein Unternehmens- oder Personenprofil angesehen haben – und ob diese durch das Stelleninserat aufmerksam wurden. Somit kann man diese Personen auch mit dem Hinweis auf das Stelleninserat kontaktieren.

Abb. 55: Besucher des eigenen Profils über ein Stellenangebot (xing.com)

Die Kontaktaufnahme mit potenziellen Bewerbern sollte man jedoch sehr gezielt und vorsichtig durchführen, da dies für Kandidaten auch einen negativen Eindruck hinterlassen kann. Denn es kann bei dem Kandidaten der Eindruck entstehen, er würde beim Aufruf eines Stelleninserates bereits ungefragt an das entsprechende Unternehmen weitergeleitet werden, auch wenn er sich nicht bewirbt. Zahlreiche Kandidaten haben keinen kostenpflichtigen Zugang und wissen nicht von der Funktion, dass Besucher des eigenen Profils angezeigt werden.

Deswegen sollten Sie bei der Kontaktaufnahme mit dem potenziellen Bewerber entsprechend höflich und zurückhaltend sein:

> ▶ **Beispiel: Ansprache eines Besuchers des eigenen Profils**
>
> Hallo Herr Meier,
>
> ich habe in Xing gesehen, dass Sie mein Profil aufgerufen haben – und durch unser Stellenangebot „HR-Marketing und Bewerbermanagement mit sozialen Medien" darauf aufmerksam wurden.
>
> Ihr Profil entspricht genau unserem Idealkandidaten. Deshalb wollte ich nachfragen, ob Sie eventuell noch Fragen zu unserem Stellenangebot haben. Diese würde ich sehr gerne persönlich beantworten.
>
> Freundliche Grüße
>
> Petra Simon

Empfehlung von Stelleninseraten

Ebenso kann man Kollegen des gesuchten Mitarbeiters bitten, das Stellenangebot selbst mit ihrem Benutzerzugang zu empfehlen, wie das folgende Bildschirmfoto zeigt.

Abb. 56: Empfehlung von Stelleninseraten (xing.com)

Durch Klicken auf das „Empfehlen"-Symbol wird das Stelleninserat in den Mitteilungen des jeweiligen Benutzers angezeigt. Alle Kontakte dieses Benutzers sehen dann die Empfehlungen in der Infobox „Neues aus Ihrem Netzwerk". Somit können Ihre Mitarbeiter mit wenig Aufwand in ihrem eigenen Netzwerk Werbung für das Stellenangebot machen. Diese Aufforderung sollten Sie natürlich in Form einer Bitte um freiwillige Unterstützung bei der Kandidatensuche formulieren. Dies entspricht der Bitte, ein Stelleninserat bei Freunden und Bekannten zu streuen.

Inserieren von Stellenangeboten bei LinkedIn

Das international weit verbreitete geschäftliche Netzwerk LinkedIn bietet ebenfalls das Inserieren von Stellenangeboten an. LinkedIn bietet jedoch keine Stelleninserate mit Kosten pro Klick an. Die Fixkosten für ein Inserat variieren je Arbeitsregion der ausgeschriebenen Stelle. Ein Stelleninserat in Manhattan beispielsweise kostet etwa dreimal mehr als ein Inserat in Berlin, ein solches in Zürich doppelt so viel.

Für Kandidaten gestaltet sich die Suche nach passenden Stellenangeboten ähnlich wie bei Xing. Die Jobempfehlungen von LinkedIn direkt unter den Stelleninseraten sind aktuell etwas besser und zielgenauer als die vergleichbare Anzeige bei Xing.

People Who Viewed This Job Also Viewed

- Director of Operational HR (HR Business Partners) at HEAD TO HEAD Executive Search
- Director of Resourcing at a Humanitarian Int'l Organisation at HEAD TO HEAD Executive Search
- WE Services Staffing at Microsoft
- Training Manager at Interbrand SA
- Talent Acquisition Associate at World Economic Forum
- Global Key Account Manager at Wintergreen Franchise SA
- Sourcing Recruiter Emerging Markets at Medtyg
- Fundraising Manager (Foundations, Organizations, Institutions) at Habitat for Humanity International

Search More Jobs

- Jobs at Headhunt Executive Search
- Human Resources Jobs
- Mid-Senior level - Human Resources Jobs
- Human Resources Jobs in Geneva Area, Switzerland
- Human Resources Jobs
- Mid-Senior level - Human Resources Jobs
- Human Resources Jobs in Geneva Area, Switzerland

Abb. 57: Empfehlung weiterer Stelleninserate für Kandidaten (linkedin.com)

LinkedIn bietet auch Informationen für Kandidaten an, wie viele und welche Personen im Netzwerk zu der ausschreibenden Firma eine Beziehung haben. Dies hilft Kandidaten einerseits einzuschätzen, ob das Unternehmen von den Mitarbeitern her passend sein könnte. Und es ermöglicht den Kandidaten, sich in ihrem Netzwerk über das Unternehmen zu informieren und eventuell eine Empfehlung für eine Bewerbung zu erhalten.

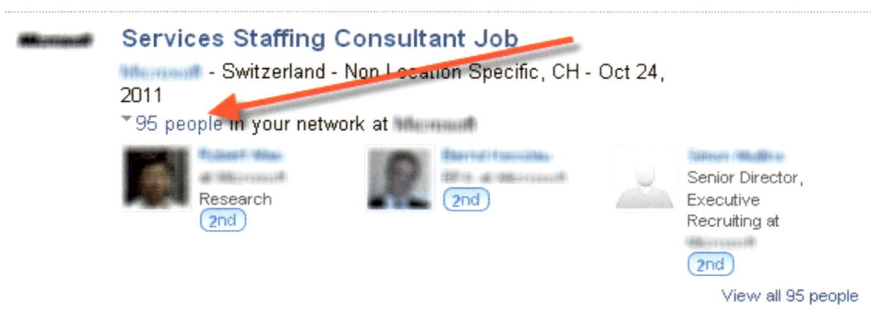

Abb. 58: Hinweis auf Kontakte für konkrete Stellenangebote (linkedin.com)

Kostenpflichtige Leistungen von LinkedIn

Als weiteren Service für Stellensuchende bietet LinkedIn auch kostenpflichtige Leistungen an. Für einen monatlichen Beitrag wird das eigene Profil an bester Stelle angezeigt. Zahlende Stellensuchende können auch sehen, wer ihr Profil aufgerufen hat.

Für Unternehmen bietet LinkedIn die Möglichkeit, Stelleninserate zu gestalten und auszuschreiben (vgl. das folgende Bildschirmfoto). In einem zweiten Schritt werden bereits passende Kandidaten angezeigt, deren Freischaltung einen zusätzlich kostenpflichtigen Service darstellt. Sie können natürlich entscheiden, ob Sie diesen Service zusätzlich in Anspruch nehmen wollen oder nicht.

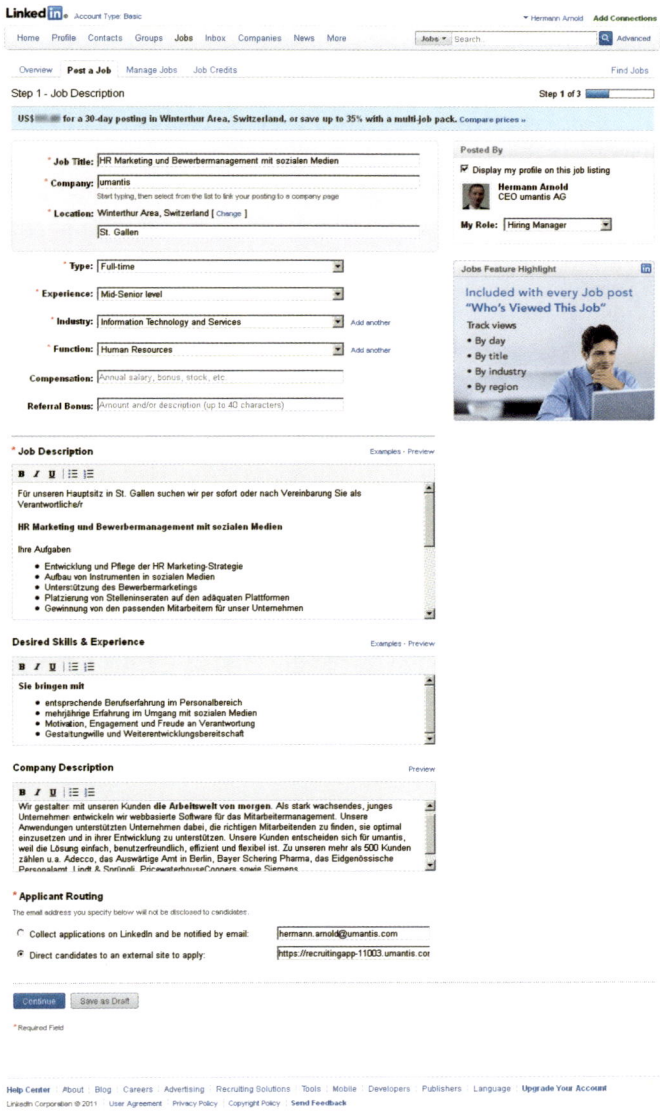

Abb. 59: Stelleninserat erstellen auf LinkedIn (linkedin.com)

6.2.4 Personen finden und Stellen inserieren in fachlichen Netzwerken

Fachliche Netzwerke dienen dem Austausch der Mitglieder untereinander. Häufig sind sie ausgerichtet auf gegenseitige Hilfestellung, auf Informationen und Neuigkeiten. Viele dieser fachlichen Netzwerke bieten auch Bereiche an, in denen man Stelleninserate schalten kann. Zum richtigen Verhalten in fachlichen Netzwerken lesen Sie Kapitel 6.1.2 (siehe S. 104) „Fachliche Netzwerke".

Wichtig ist, festzuhalten, dass Sie auf keinen Fall in inhaltlichen Diskussionen Werbung für Stellenangebote platzieren sollten. Wenn es keinen eigenen Bereich für Stellenangebote gibt, so sollten Sie auch keine Werbung im inhaltlichen Bereich des Netzwerkes, also in fachlichen Diskussionen, einstellen.

Fachliche Gruppen in geschäftlichen Netzwerken

Ein Spezialfall von fachlichen Netzwerken sind Gruppen auf Xing und LinkedIn. Mitglieder von geschäftlichen Netzwerken können eigene Gruppen zu beliebigen Themen erstellen. Andere Teilnehmer in dem geschäftlichen Netzwerk können Mitglieder dieser Gruppen werden.

Kategorien von Gruppen auf Xing

Auf Xing und in anderen Netzwerken existiert eine Vielzahl von Gruppen zu vielfältigen Themengebieten. Hier eine Übersicht zu den Gruppenkategorien auf Xing:

- Branchen
- Events
- Firmen
- Freizeit und Sport
- Geographie und Umwelt
- Gesellschaft und Soziales
- Hochschulen
- Internet und Technologie
- Jobs und Karriere
- Kunst und Kultur
- Regionales
- Schulen

- Themen
- Verbände und Organisationen
- Wirtschaft und Märkte
- Wissenschaft
- Xing

Sie können selbst eine Gruppe in einer der oben genannten Kategorien gründen oder bestehenden Gruppen beitreten. Im Rahmen einer kurzfristigen Strategie empfiehlt es sich, Gruppen auszuwählen, in denen sich Personen austauschen, die potenziell zu dem gewünschten Profil passen. Sie können beispielsweise nach einer Gruppe suchen, die Ihre Branche behandelt, und dort Mitglied werden:

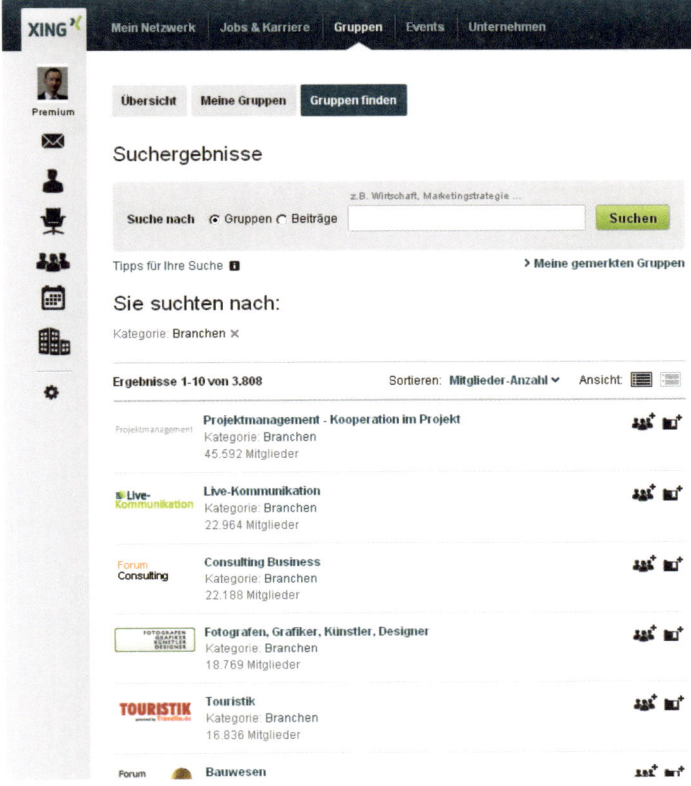

Abb. 60: Übersicht von Branchengruppen nach Mitgliederanzahl auf Xing (xing.com)

In der Kategorie Branchen beispielsweise befinden sich mehrere Tausend Gruppen mit unterschiedlicher Ausrichtung, unterschiedlicher Mitglieder- anzahl und Aktivität. Falls Sie beispielsweise Personen im Bereich „Fotografen, Grafiker, Künstler, Designer" oder „Touristik" oder „Bauwesen" suchen, so können Sie der entsprechenden Gruppe beitreten.

Die Ziele der jeweiligen Gruppe können Sie direkt auf der ersten Seite erfahren:

Abb. 61: Information zu der jeweiligen Gruppe auf Xing (xing.com)

Im Bereich der Foren gibt es unterschiedliche Themen, zu denen ein Austausch möglich ist:

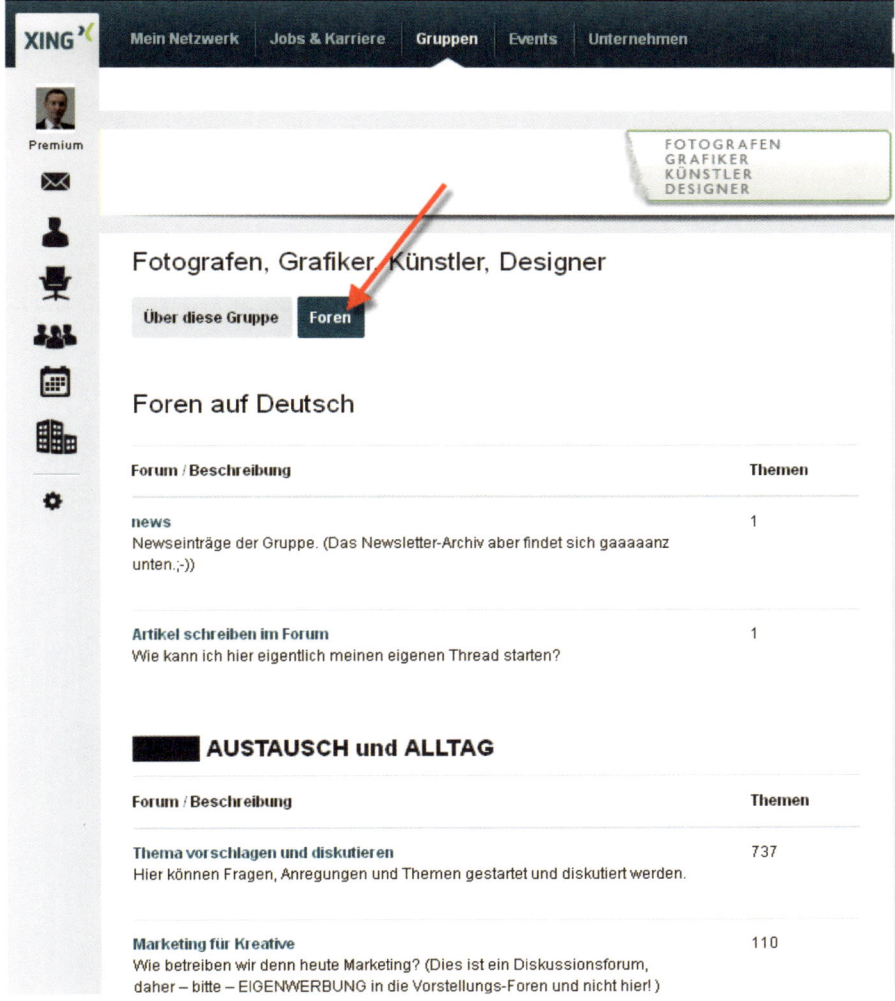

Abb. 62: Unterschiedliche Foren der Gruppe „Fotografen, Grafiker, Künstler, Designer" (xing.com)

In den meisten Gruppen gibt es mindestens ein Forum zu Jobs und Stellenangeboten, meist sogar mehrere für Angebot und Nachfrage sowie für verschiedene Angebotsformen (Festanstellung, Projektauftrag etc.):

Premium

▨ JOBS & AUFTRÄGE – Suchen, anbieten, finden

Forum / Beschreibung	Themen
ANGEBOTE: Jobs > Stellenangebote (Festanstellungen) Sie haben einen Arbeitsplatz zu vergeben? Kein befristeter Vertrag, kein Projekt, sondern ein Festanstellungsangebot? Bitte hier eintragen...	298
ANGEBOTE: Jobs > Ausschreibungen (projektbezogene Angebote) Auftrag (komplett und extern) zu vergeben? Rein damit ...	489
GESUCHT: Kooperationspartner für aktuelle Projekte Profi gesucht: Projekte, die zusätzliches (Spezialisten-)Know-How erfordern.	476
GESUCHT: Jobs > Jobsuche (fest und frei) Suche Sie eine neue Herausforderung? Hier dürfen Job-Gesuche eingetragen werden. Wer möchte, kann unter "Vorstellungen" gerne ein ergänzendes Profil anlegen oder auf eigene "Über mich"-Seite verlinken	479
GESUCHT: Models und Modeljobs Titel sagt schon alles	228
GESUCHT: Praktikanten oder Praktikumplätze und Ausbildungsplätze Sie suchen einen Praktikanten? Bitte nur mit Vergütungsangabe (Gehaltsangabe) eintragen... Sie würden selbst gerne ein Praktikum oder eine Ausbildung absolvieren? Dann schreiben Sie darüber!	153
GESUCHT: Fotomotiv Bestimmte Fotos gesucht? Was für welche?	69
GESUCHT: Text ... von einem Fachmann oder einer Fachfrau geschrieben. Alle Angebote von A wie Claim bis Z wie Übersetzung. Nur die Anzeigen müssen Sie selbst schreiben, den Rest übernehmen die Fachleute.	14

Abb. 63: Foren zu Jobs und Aufträgen der Gruppe „Fotografen, Grafiker, Künstler, Designer" (xing.com)

In den jeweiligen Foren haben Stellensuchende Beiträge verfasst, in denen sie sich selbst beschreiben und darstellen, was sie suchen:

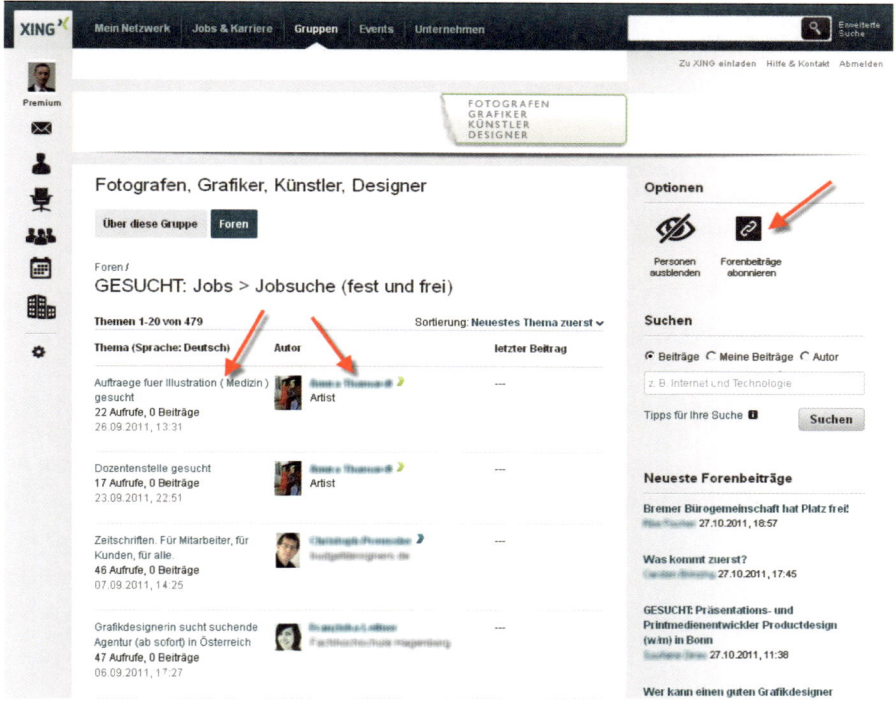

Abb. 64: Stellensuchende in einem entsprechenden Forum (xing.com)

Sie können in den Foren die einzelnen Beiträge öffnen und sehen, ob der oder die Stellensuchende Ihren Vorstellungen entspricht. Mit einem Klick auf das verlinkte Profil können Sie dann Kontakt zu der entsprechenden Person aufnehmen. Weiterführende Informationen zur Kontaktaufnahme finden Sie in Kapitel 6.2.1 (siehe S. 109) „Personen ansprechen in geschäftlichen Netzwerken".

Falls Sie keinen Beitrag finden, der Ihren Ansprüchen entspricht, so können Sie ebenfalls die Beiträge dieses Forums abonnieren. Sie werden dann per E-Mail informiert, wenn neue Personen einen Beitrag einstellen.

Ebenso können Sie in entsprechenden Angebotsforen eigene Beiträge, d.h. Stellenangebote, einstellen. Typischerweise haben die Gruppenmitglieder auf der Suche nach Angeboten diese Foren abonniert und werden auf die neuen Aufträge per E-Mail aufmerksam gemacht.

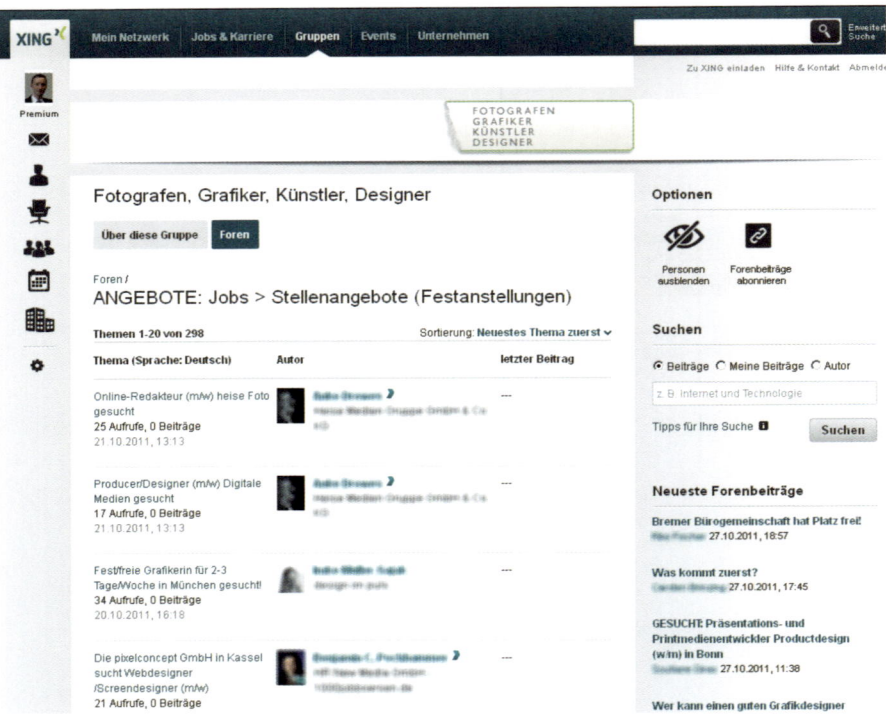

Abb. 65: Stellenangebote in einem Forum (xing.com)

In diesen Forenbeiträgen können Sie das Stelleninserat vollständig einstellen und auch mit einer Online-Bewerbungsmaske verlinken. Zur Gestaltung von Inseraten finden Sie in Kapitel 5.2.2 (siehe S. 74) weitere Hinweise.

Neben den Gruppen, die zum inhaltlichen Austausch gedacht sind und „nebenbei" auch Foren für Stellenangebote und -gesuche bieten, gibt es eigens eine Kategorie „Jobs und Karriere". In dieser Kategorie finden sich Gruppen, deren Hauptzweck das Finden von Mitarbeitern bzw. Stellenangeboten ist. Auch in dieser Kategorie gibt es mehrere Tausend Gruppen zu unterschiedlichen Themen und Schwerpunkten. Es empfiehlt sich vor allem, Gruppen zu wählen, die eine große Anzahl an Mitgliedern haben. Dort kann man ebenso nach potenziellen Kandidaten suchen und Stelleninserate publizieren.

Links zu Gruppen im Bereich Jobs und Karriere

- auf Xing: tiny.cc/XingJobGruppen
- auf LinkedIn: tiny.cc/LinkedinJobGruppen

Das folgende Bildschirmfoto zeigt die Gruppen in der Kategorie „Jobs und Karriere" sortiert nach der Mitgliederanzahl auf Xing.

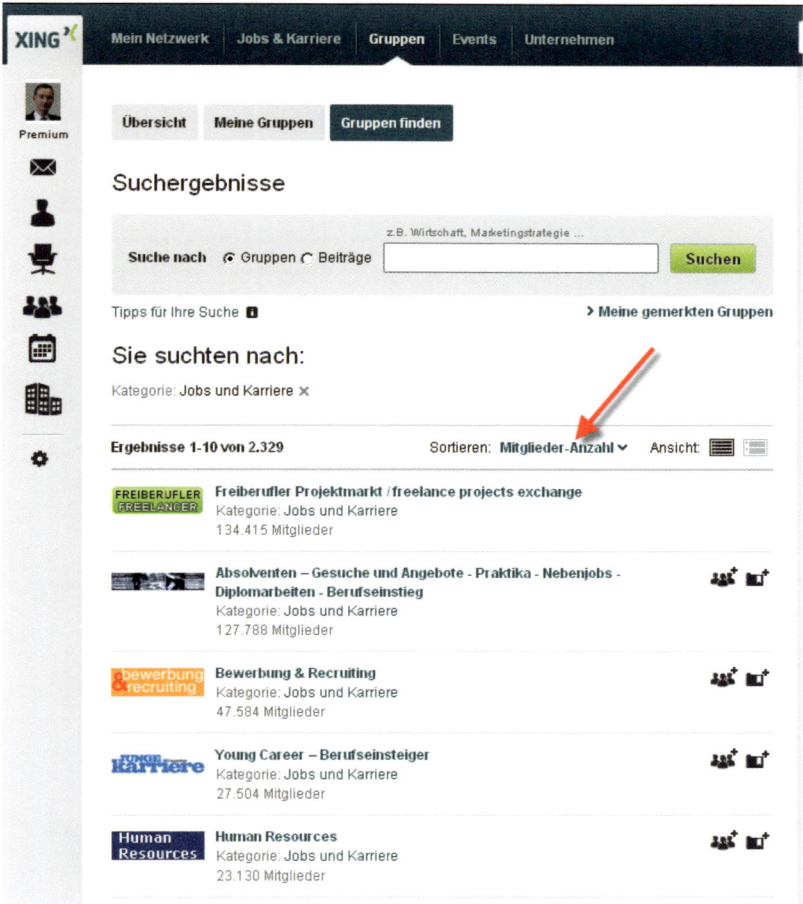

Abb. 66: Gruppen in der Kategorie „Jobs und Karriere" (xing.com)

Fachliche Netzwerke außerhalb von Xing und LinkedIn

Im Internet gibt es eine Vielzahl von fachlichen Netzwerken, die bereits vor dem Entstehen von geschäftlichen und privaten Netzwerken dem Austausch von Informationen und der gegenseitigen Hilfestellung dienten (vgl. dazu auch Kapitel 4.2.5 (siehe S. 45)).

Diese Netzwerke bieten häufig auch Bereiche an, in denen Stellenangebote publiziert werden können oder auch Stellensuchende ihre Interessen kundtun. Meist sind solche Möglichkeiten ebenfalls kostenlos und können ähnlich wie auf Xing oder LinkedIn genutzt werden.

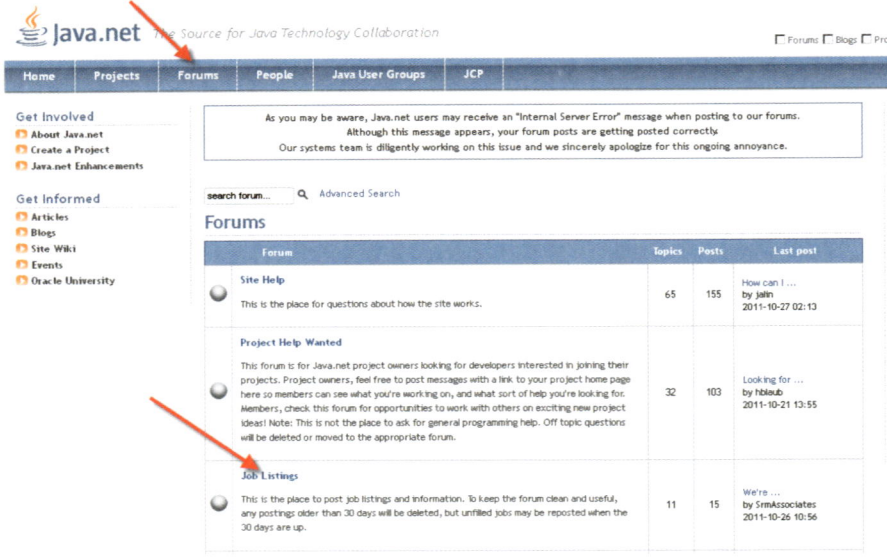

Abb. 67: Job-Forum eines Programmierer-Netzwerkes (java.net)

6

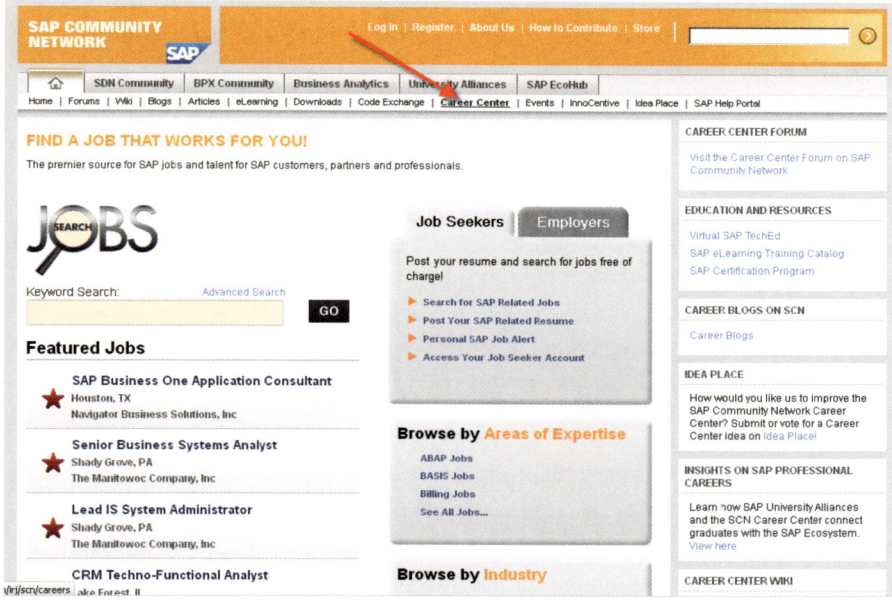

Abb. 68: Kostenpflichtiger Karrierebereich der SAP Community (sdn.sap.com)

In fachlichen Netzwerken kann man häufig auch „normale" Werbung schalten, entweder in Form von gestalteter Bannerwerbung oder in Form von Textwerbung. Gewisse fachliche Netzwerke bieten die Schaltung von Werbung selbst an, andere verkaufen ihre Werbeplätze an Werbenetzwerke, über die Werbung auf zahlreichen Internetplattformen geschaltet werden kann.

Ausgewählte Werbenetzwerke im Überblick

- Adwords: Google.com/adwords
  Das weltweit führende Werbenetzwerk von Google.
- DoubleClick: doubleclick.com
  Inzwischen ebenfalls ein Google-Unternehmen.
- TradeDoubler: tradedoubler.com
  Ein europäisches Werbenetzwerk mit Ursprung in Schweden.

- ZANOX: zanox.com
  Ein internationales Werbenetzwerk von Axel Springer und der Publigroupe.
- Weitere Netzwerke
  tiny.cc/AdNetzwerke und tiny.cc/AdNetzwerke2

Zum Auffinden von fachlichen Netzwerken, auf denen man Werbung schalten kann, gibt es zwei Wege. Entweder man identifiziert relevante fachliche Netzwerke und erkundigt sich dort, wie man auf dieser Plattform Werbung schalten kann. Oder man eröffnet ein Konto bei einem der führenden Werbenetzwerke und sucht dort nach Plattformen, die für das eigene Stellenangebot interessant wären.

So bietet z. B. Google ein „Placement-Tool" an, mit dem man Plattformen nach Stichworten suchen kann. Die gefundenen Plattformen können nach Kategorien und auch Placement-Typen eingegrenzt werden. Zu jeder Plattform zeigt Google die Impressionen pro Tag an. Durch einfachen Klick kann man Plattformen auswählen, auf denen die Werbung geschaltet werden soll.

Eine andere Strategie ist, Google prinzipiell alle Plattformen selbst wählen zu lassen. Man kann mit der Zeit einzelne Plattformen ausschließen, die zwar viele Klicks erzeugen, aber keine genügend guten Bewerbungen. Alle diese Optimierungen erfordern jedoch eine konstante Beobachtung des Erfolges und laufende Nachjustierungen.

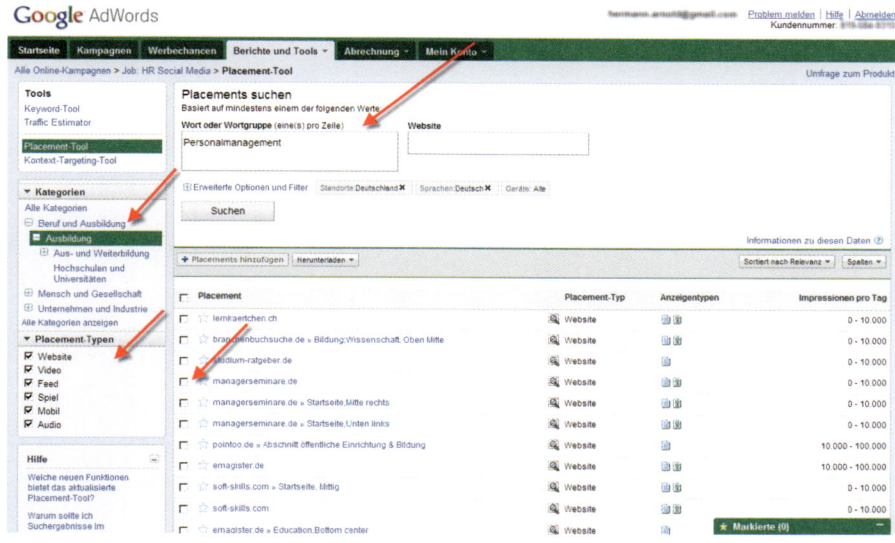

Abb. 69: Auswahl für Werbung auf fachlichen Netzwerken (google.com/adwords)

Textwerbung gestalten

Die Gestaltung einer Textwerbung ist auf den ersten Blick recht einfach. Man formuliert einen ansprechenden Text und definiert die Internetadresse, auf welche die Werbung verweisen soll. Dies zeigt das folgende Bildschirm-foto:

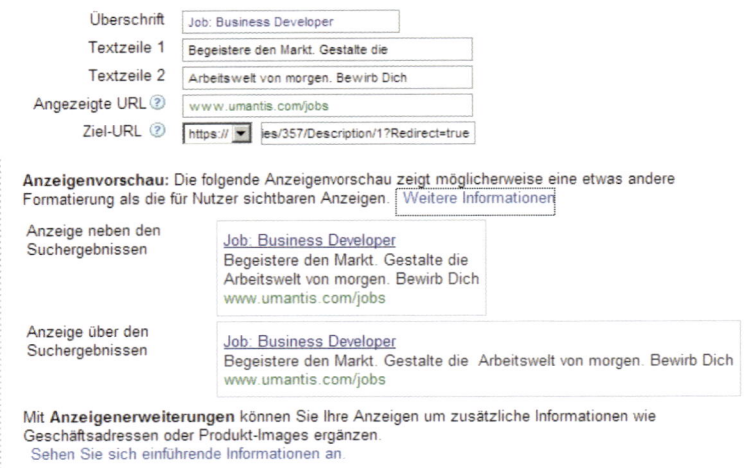

Abb. 70: Gestaltung einer Textwerbung auf Google Adwords (google.com/adwords)

Bannerwerbung gestalten

Für die Gestaltung einer Bannerwerbung benötigt man graphische Kenntnisse und eine gute Idee bzw. Botschaft. Die Bannerwerbung kann je nach Plattform statisch oder auch animiert sein. Das folgende Bildschirmfoto zeigt animierte Bannerwerbung für Stellen bei McKinsey.

Abb. 71: Animierte Bannerwerbung für Stellen bei McKinsey & Company (leo.org)

Schaltung und Optimierung von Online-Werbung

Die Schwierigkeit von Online-Werbung liegt in der Optimierung der Schaltung, sodass sie die richtige Zielgruppe erreicht und auch tatsächlich wahrgenommen wird. Die Schaltung und auch die Platzierung der Werbung hängen stark ab vom Werbetext, von den gewählten Stichworten, dem zugeteilten Budget und dem Maximalgebot pro Klick. Viele Marketingabteilungen in Unternehmen haben bereits Erfahrung mit dieser Art der Werbung. Deshalb ist es empfehlenswert, den Rat solcher Experten einzuholen. Andere Unternehmen arbeiten mit Online-Werbeagenturen zusammen, welche eine hohe professionelle Expertise in der Gestaltung und Optimierung von Online-Werbung haben.

Prinzipiell bieten Werbenetzwerke, allen voran Google, auch automatische Werkzeuge, welche die Schaltung und Optimierung von Werbung erleichtern sollen. So schätzt Google jeweils die Relevanz von Stichworten, schlägt weitere Stichworte vor und empfiehlt maximale Gebote pro Klick. Man kann bei Google viele Aufgaben automatisch optimieren lassen, z.B. die Zeiten, zu denen die Werbung geschaltet wird, die Orte, an denen die Werbung geschaltet wird, und auch die Auswahl, welche der erstellten Werbetexte besser funktionieren und deshalb öfter geschaltet werden sollen.

Aufgrund der hohen Komplexität empfiehlt es sich für die meisten Personalabteilungen, interne oder Experten hinzuzuziehen. Die folgenden Kriterien helfen Ihnen bei der Auswahl der Experten:

Kriterien für die Auswahl von internen oder externen Experten

- Erfahrung
  Wie viele Online-Werbekampagnen hat diese Person bereits betreut? Hat sie bereits vergleichbare Themen bearbeitet?
- Erfolg
  Auf welchem Platz sind die von dieser Person betreuten Werbungen? Sind diese Werbungen ansprechend?
- Kosten
  Wie hoch sind die durchschnittlichen Kosten pro Klick? Wie hoch ist die Klickrate, d.h. der Anteil der angeklickten Schaltungen?

Das Ziel der Werbung auf fachlichen Netzwerken ist, das eigene Unternehmen als attraktiven Arbeitgeber oder spezifische Stellenangebote ohne große Streuverluste an den Orten zu bewerben, die von der gewünschten Zielgruppe frequentiert werden. Eine ansprechende Werbung verlinkt auf das konkrete

Stellenangebot oder den Stellenmarkt des Unternehmens. Interessierte Kandidaten können sich dort näher über die Angebote informieren und bei Interesse bewerben.

6.2.5 Werbung schalten in privaten Netzwerken

Bezahlte Inserate

Private Netzwerke dienen in erster Linie dem privaten Austausch unter Freunden und Bekannten. Eine Ansprache von Personen z.B. auf Facebook ist wie das (ungefragte) Eindringen in eine private Konversation von Freunden.[27]

Somit ist die einzig breit akzeptierte, kurzfristige Strategie ein bezahltes Inserat. Bezahlte Inserate erscheinen meist auf der rechten Seite eines privaten Netzwerks. Inserate können aufgrund der umfangreichen Informationen, die private Netzwerke von ihren Benutzern haben, sehr gezielt geschaltet werden. Diese Inserate sind meist aufgrund der beschränkten Zeichenanzahl, die zugelassen ist, keine vollständigen Stellenangebote, sondern verlinken auf das entsprechende Stellenangebot an anderer Stelle – idealerweise auf das der Homepage Ihres Unternehmens. Das Inserat ist sozusagen lediglich der Anreißer, der Interesse an einem Stellenangebot wecken soll. Meist werden diese Inserate pro Anzeige oder pro Klick bezahlt. Bei Bezahlung pro Kick sollte das Inserat sehr klar darstellen, dass es sich um ein Stellenangebot handelt. Sonst bezahlt man für viele Klicks, die nicht zu einer Bewerbung führen.

Werbung schalten auf Facebook

Facebook bietet eine benutzerfreundliche Möglichkeit, Inserate zu schalten. Grundsätzlich bewerben die meisten der Inserate auf Facebook Konsumgüter, die für eine breite Zielgruppe interessant sein können. Man kann diese Inserate jedoch auch als Werbung für Stellenangebote nutzen. Ein Inserat hat in der Regel einen Titel, der möglichst ansprechend und gleichzeitig aussagekräftig sein sollte. Zusätzlich kann man ein Inserat mit einem Bild attraktiver gestalten und einen kurzen Werbetext verfassen. Der Titel des Inserates ist verlinkt mit einem Internetziel, das Sie bei der Gestaltung der Inserate definieren können. Ein Inserat, das eine Stellenangebot bewirbt, zeigt das folgende Bildschirmfoto von Facebook.

---

27 Zum Verhalten in privaten Netzwerken siehe Kapitel 6.1.3 (siehe S. 106) „Private Netzwerke".

Abb. 72: Beispiel für ein Inserat, das ein Stellenangebot bewirbt (facebook.com)

Die Werbung erscheint im rechten Bereich, direkt neben dem Inhaltsbereich, in dem Neuigkeiten und Diskussionen stattfinden. Bei Facebook heißt der Werbebereich auch tatsächlich „gesponsert", was genau dem Gedanken Rechnung trägt, dass diese Werbung die kostenlose Benutzung des Netzwerkes für die Endanwender finanziert. Aus diesem Grund ist die Werbung in privaten Netzwerken genauso akzeptiert, wie beispielsweise das Sponsoring von Partys oder anderen Veranstaltungen. Das folgende Bildschirmfoto zeigt Werbung für ein Stellenangebot auf Facebook.

Abb. 73: Werbung für ein Stellenangebot auf Facebook (facebook.com)

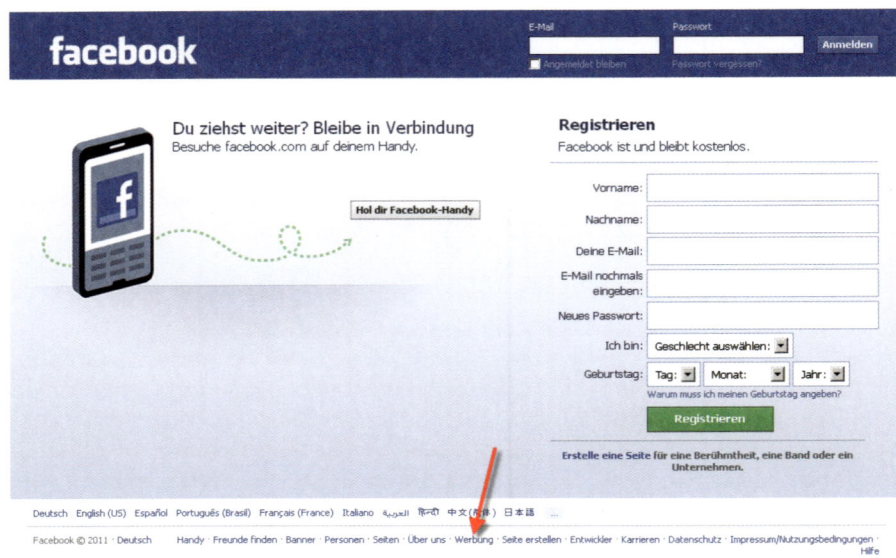

Abb. 74: Zugang zur Erstellung von Werbung auf Facebook (facebook.com)

Werbung schalten auf Facebook

Zur Erstellung von Inseraten auf Facebook kann man in der Fußzeile von Facebook auf „Werbung" klicken oder im Werbeblock der angezeigten Werbungen auf „Werbeanzeige erstellen". Diese Links führen zu den verschiedenen Möglichkeiten, sich geschäftlich auf Facebook zu engagieren:

- Unternehmensseiten auf Facebook
  Eine Präsenz des Unternehmens auf Facebook mit Informationen, Austauschmöglichkeiten und vielem anderen. Diese Seiten kann man vergleichen mit der Präsenz des Unternehmens im Internet – einfach auf der Facebook-Plattform, im Facebook-Netzwerk.

- Werbeanzeigen
  Kompakte Werbeanzeigen, die man gezielt nach Alter, Ort, Interessen und anderen Eigenschaften der Benutzer platzieren kann. Diese Werbeanzeigen lassen sich auch sozial einbinden. Benutzer können z.B. Werbung kommentieren, an andere weiterleiten („share") und ihren Gefallen an dieser Werbung ausdrücken („gefällt mir"/„like").

- Gesponserte Meldungen
  Wenn einem Benutzer z.B. eine Seite von Ihnen gefällt oder er einen Kommentar hinterlässt, so wird diese Meldung in seinen „Neuigkeiten" („News") und denen seiner Freunde angezeigt. Als Werbender können Sie solche Meldungen nutzen, indem Sie diese Neuigkeit als Werbung auf der rechten Seite anzeigen lassen. Somit erscheint bei allen Freunden des Benutzers diese Nachricht nicht nur im Neuigkeitenverlauf sondern auch prominent auf der rechten Seite – mit dem Hinweis auf die Freunde.

- Plattform
  Auf Facebook kann man eigene Anwendungen erstellen oder auch gewisse Funktionalitäten auf der eigenen Homepage integrieren, wie z.B. „gefällt mir"-Schaltflächen.

Das folgende Bildschirmfoto zeigt noch einmal die verschiedenen Möglichkeiten, Werbung auf Facebook zu schalten.

Seiten	Werbeanzeigen	Gesponserte Meldungen	Plattform
Erstelle einen Ort für deine Fans, an dem sie miteinander interagieren können, lerne potenzielle Kunden kennen und baue eine Gemeinschaft auf.	Erreiche mit Facebook-Werbeanzeigen genau deine Zielgruppe. Du kannst diese nach Alter, Ort, Interessen und mehr auswählen.	Mit geponserten Meldungen kannst du dir die Empfehlungen zwischen Freunden auf natürliche Weise zunutze machen und verstärken.	Verwandle mithilfe von Plug-ins und benutzerdefinierten Anwendungen deine Webseite in eine soziale Webseite.

Abb. 75: Verschiedene Möglichkeiten, Werbung auf Facebook zu schalten (facebook.com)

Als kurzfristige Strategie bieten sich vor allem Werbeanzeigen an. Werbeanzeigen auf Facebook können sehr gezielt für Zielgruppen mit spezifischen Interessen geschaltet werden. Bei einer Werbung auf Facebook kann man die Internetadresse angeben, auf die die Werbung verlinken soll. Dies ist idealerweise das Stelleninserat auf der Homepage Ihres Unternehmens. Der Titel sollte klar darstellen, dass es sich um ein Stellenangebot handelt und gleichzeitig Ihre Zielgruppe ansprechen.

Inhalt des Inserats

Als Inhalt, d.h. als Text des Inserates, können Sie das Stellenangebot attraktiv darstellen. Die Anzahl der Zeichen dafür ist beschränkt, sodass Sie nur kompakt und auf das Wesentliche reduziert die Attraktivität der beworbenen Stelle hervorheben können. Das dazugehörige Bild sollte ansprechend sein und auch mit dem Stellenangebot zusammenhängen.

Eingrenzung der Zielgruppe

Im Zuge der Erstellung eines Inserates können Sie die Zielgruppe näher eingrenzen. Direkt neben den Eingrenzungen sehen Sie jeweils, wie groß die Zielgruppe mit Ihren Einschränkungen schließlich ist. Als Eingrenzungsmöglichkeiten haben Sie „Alter", „Beziehungsangaben" (die in den meisten Fällen für Stellenangebote irrelevant sind), „Sprachen" und „Interessen-Kategorien". Bei den Interessen-Kategorien können Sie aus Kategorien wählen, die von Facebook vorgegebenen sind, oder per Freitext selbst Begriffe definieren, welche Personen in ihrem Profil als Interessen angegeben haben sollen.

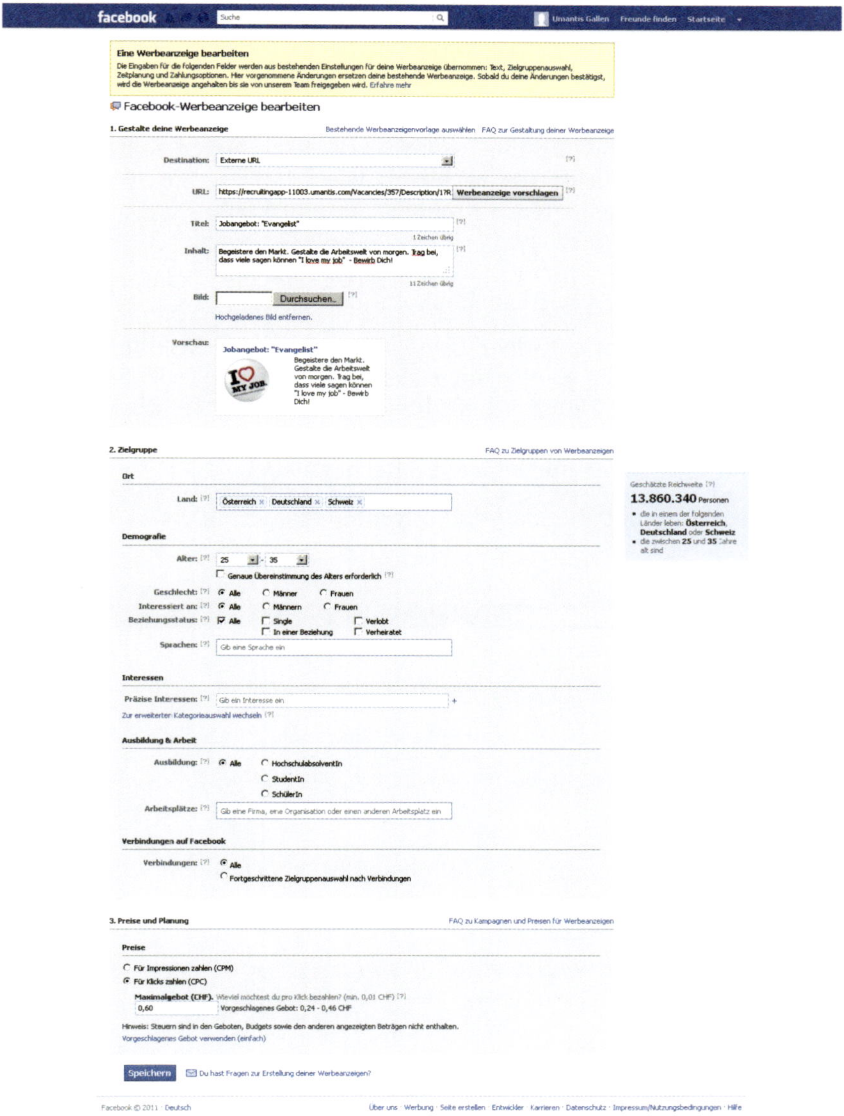

Abb. 76: Erstellen eines Inserates auf Facebook (facebook.com)

Bezahlung des Inserats

Schließlich definieren Sie im letzten Abschnitt, wie Sie für die Werbung bezahlen möchten. Es gibt die Möglichkeit, je Anzeige des Inserates zu bezahlen („Impressions)" oder je Klick auf das Inserat ("Klicks"). Facebook schlägt Ihnen vor, wie viel Sie pro Anzeige bzw. Klick bieten sollten, damit Ihre Anzeige auch erscheint. Je nachdem, wie attraktiv Sie die Anzeige gestalten und je höher Sie bieten, desto mehr Anzeigen wird Facebook bei der entsprechenden Zielgruppe schalten.

Auswertung von Werbung auf Facebook

In Ihrer Kampagnen-Übersicht sehen Sie jeweils, wie oft Ihr Inserat angezeigt wurde, wie viele Klicks Sie pro Inserat erzielt haben und wie viel Sie für das Inserat bezahlen müssen. Unter „soziale Reichweite" sehen Sie, wie häufig Ihr Inserat mit „gefällt mir" bei den Freunden des Interessenten dargestellt wurde. Dadurch erfährt ein Inserat eine höhere Wertschätzung.

Wie die Auswertung der Werbung bei Facebook dargestellt wird, zeigt das folgende Bildschirmfoto.

Abb. 77: Auswertung von Werbung auf Facebook (facebook.com)

Heute sind Werbungen für Stellenangebote auf Facebook noch selten. Dies liegt nicht zuletzt daran, dass es schwierig ist, sich gegen die Konsumgüterwerbung zu behaupten. Der Platz auf der rechten Seite für Werbungen ist begrenzt. Konsumgüterwerbung zieht typischerweise mehr Personen an, weshalb diese Werbung mehr Umsatz für Facebook erzeugt und damit häufiger geschaltet wird. Es kommt also bei der Gestaltung der Werbung auch darauf an, dass die Formulierung des Inserates kreativ und ansprechend ist.

Werbung schalten auf Twitter

Das Twitter-Netzwerk kann auf zwei Arten für die Bewerbung von Stellenangeboten genutzt werden:

- kostenlose Kurznachricht mit Verlinkung auf das Stellenangebot
- bezahlte Werbung mit Verlinkung auf das Stellenangebot

Zahlreiche Firmen nutzen heute bereits die Möglichkeit, über eigene Profile Stellenangebote auf Twitter zu publizieren. Diese Stellenangebote erscheinen unter den Neuigkeiten von Personen, die diesen Profilen folgen („Followers"/Beobachter) und erscheinen auch in Suchergebnissen, wenn Personen gezielt nach Stellenangeboten auf Twitter suchen. Pro Minute werden weltweit auf Twitter ungefähr 100.000 Kurznachrichten verfasst – pro Sekunde sind das über 1.500. Man kann sich also leicht vorstellen, dass eine einzelne Kurznachricht zu einer offenen Stelle leicht in der Masse aller Kurznachrichten „untergeht". Von daher zählt in erster Linie die Anzahl an Personen, die einem Profil folgen, um die Reichweite einer Nachricht abschätzen zu können.

Heute gelingt es nur großen, globalen Arbeitgebermarken eine signifikante Anzahl an Beobachtern anzuziehen. Googlejobs (@googlejobs) hat beispielsweise über 115.000 Beobachter. Bekannte deutsche Konsumgüter-Unternehmen wie beispielsweise Adidas (@adidasGroupJobs) haben im Vergleich knapp 7.000 Beobachter, andere bekannte Unternehmen wie beispielsweise Bertelsmann (@BertelsmannJobs) haben ca. 1.500 Beobachter.

Die folgenden drei Bildschirmfotos zeigen, wie bekannte Unternehmen Stellenausschreibungen auf Twitter schalten.

Abb. 78: Stellenausschreibungen von Google auf Twitter (twitter.com)

Abb. 79: Stellenausschreibungen von Adidas auf Twitter (twitter.com)

Abb. 80: Stellenausschreibungen von Bertelsmann auf Twitter (twitter.com)

Es ist daher offensichtlich, dass die pure Ausschreibung von offenen Stellen über Kurznachrichten nur für wenige, sehr bekannte und attraktive Unternehmen tatsächlich einen signifikanten Nutzen erzielen kann. Für den Großteil der Unternehmen kann die Publikation von offenen Stellen durch Kurznachrichten nur im Rahmen einer langfristigen Strategie erfolgreich sein.[28]

Die Möglichkeit, auf Twitter Werbung zu schalten, ist zum Zeitpunkt der Erstellung dieses Praxisratgebers erst im Teststadium.[29] Aus diesem Grunde ist damit zu rechnen, dass noch Änderungen am Konzept vorgenommen werden.

Werbemöglichkeiten bei Twitter

Twitter bietet aktuell drei Möglichkeiten an, Werbung zu schalten:

1. Beworbene Kurznachrichten ("promoted tweets")

Sie können Kurznachrichten erstellen und diese bewerben. Diese Kurznachrichten erscheinen im Inhaltsbereich der Benutzer als erster Eintrag oder unter den ersten Einträgen. Ebenso werden beworbene Kurznachrichten in Suchergebnissen prominent dargestellt.

---

28 Siehe zu den langfristigen Strategien Kapitel 6.3.3 (siehe S. 180) „Strategien in privaten Netzwerken".

29 Ausgewählte Unternehmen können diese Möglichkeiten im Testbetrieb erproben. Bei Interesse kann man sich bei Twitter um einen Geschäftszugang bewerben: tiny.cc/TwitterWerbung.

2. Beworbene Profile ("promoted accounts")

Twitter empfiehlt auf der rechten Seite Profile, die für die jeweiligen Nutzer von Interesse sein könnten. Je nach Suchbegriffen, eigenen Beiträgen oder gefolgten Profilen und deren Beobachtern werden unterschiedliche Profile empfohlen. Hier kann man sein eigenes Profil werblich hervorheben. Beispielsweise könnte das eigene Profil, z.B. @MeierAGJobs, erscheinen, wenn von gewissen Benutzern nach dem Begriff „Jobs" gesucht wird.

3. Beworbene Trends ("promoted trends")

Twitter zeigt ebenfalls auf der rechten Seite Trends an, d.h. Schlagwörter („Hash Tags"[30]), die häufig genannt werden. Einen solchen Trend kann man werblich gestalten und damit eigene Inhalte hervorheben. Beispielsweise könnte man den Trend, z.B. #ITJobs, werblich hervorheben. Wenn nun ein Benutzer nach Jobs sucht, so wird er auf diesen Trend auf der rechten Seite aufmerksam gemacht. Klickt er auf diesen Link, so erscheint die dazugehörende beworbene Kurznachricht an prominenter Stelle.

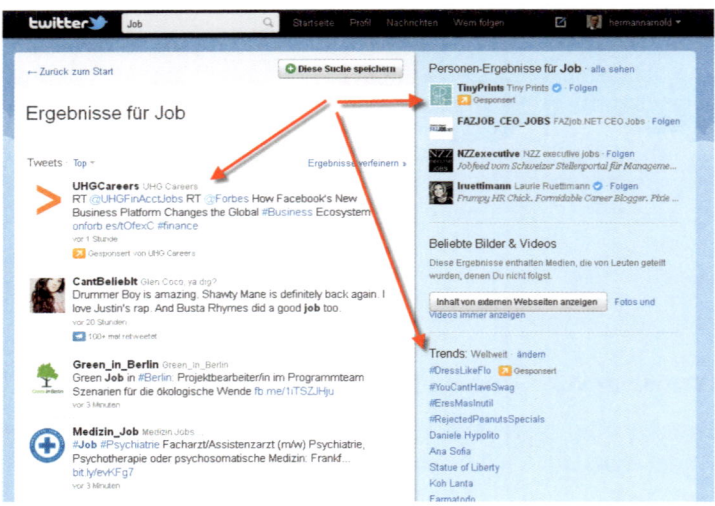

Abb. 81: Werbemöglichkeiten bei Twitter: beworbene Nachricht, beworbenes Profil, beworbener Trend (twitter.com)

---

30 Schlagworte auf Twitter werden gekennzeichnet durch eine vorangehende Raute, also beispielsweise: #Job, #HR, #HRjob, #ITjob, #Projektleiter.

Eine (beworbene) Kurznachricht mit dem Hinweis auf ein Stellenangebot sollte einen Leser in kurzer Zeit darüber informieren und zu einem Klick auf den weiterführenden Link animieren.

Elemente einer Kurznachricht mit Hinweis auf ein Stellenangebot

Kurznachrichten, um den Leser auf ein Stellenangebot aufmerksam zu machen, sollten die folgenden Elemente enthalten:

- schnell erfassbarer Hinweis, dass es sich bei der Kurznachricht um ein Stellenangebot handelt
- Stellentitel und/oder Aufgabengebiet
- attraktive Argumente für diese Stelle
- Kurzlink auf das Inserat bzw. die Bewerbungsmöglichkeit
- relevante Schlagworte (Hash Tags), die das Auffinden der Nachricht erleichtern

Verkürzung von Internetadressen

Häufig lassen sich Jobinserate nur über eine lange Internetadresse direkt aufrufen. Um diese Internetadresse weniger technisch erscheinen zu lassen und zu verkürzen, gibt es verschiedene Dienste wie beispielsweise tiny.cc, bit.ly, goo.gl. Mehr dazu finden Sie auf Wikipedia unter tiny.cc/KurzURL. Inzwischen wandelt Twitter automatisch längere Links in einen Kurzlink mit der Internetadresse t.co um.

Kurznachrichten können maximal 140 Zeichen umfassen, weshalb man sich kurz fassen muss und auch Links möglichst als Kurzlinks einbinden sollte (siehe folgendes Beispiel).

> ▶ **Beispiel: Kurznachricht mit Hinweis auf ein Stellenangebot**
>
> Experte/-in für Bewerbermarketing und soziale Medien gesucht. Strategieentwicklung und -umsetzung: tiny.cc/waa9s #Job #HR

6.3 Langfristige Marketingstrategien in sozialen Netzwerken

Langfristige Strategien in sozialen Netzwerken zielen darauf ab, eine zahlenmäßig und im Engagement wachsende Gemeinschaft von Personen aufzubauen. Diese Personen sind an gewissen Inhalten oder Unternehmensneuigkeiten interessiert, tauschen sich eventuell sogar dazu aus und entwickeln mit der Zeit eine stärkere oder weniger starke emotionale Bindung. Wichtig sind bei langfristigen Strategien vor allem die Authentizität und auch das persönliche Engagement der Teilnehmer.

Die folgende Tabelle bietet einen Überblick über verschiedene Strategien in geschäftlichen, fachlichen und privaten Netzwerken:

Strategie	Ort	Vorgehen
Regelmäßig veröffentlichen	Geschäftliches Netzwerk	▪ klare Inhaltsstrategie entwickeln (Neuigkeiten, Produkte, Interna, Witziges …) ▪ Unternehmensprofil erstellen ▪ Mitarbeiter ermuntern, selbst zu schreiben und Beiträge zu empfehlen ▪ Präsenz im geschäftlichen Netzwerk bewerben
Kontinuierlich persönlich teilnehmen	Geschäftliches Netzwerk	▪ auch als Mitarbeiter des Unternehmens auftreten (im Profil verlinken) ▪ Beiträge anderer kommentieren und empfehlen ▪ Kontakte aktiv über inhaltliche Themen herstellen
Inhaltlich beitragen	Fachliches Netzwerk	▪ als inhaltlicher Experte auftreten (Unternehmen als Referenz, aber nicht im Fokus) ▪ Fragen anderer hilfreich beantworten ▪ nützliche Beiträge schreiben ▪ auf Interessantes hinweisen
Gruppe moderieren	Fachliches Netzwerk	▪ Forum zu bestimmtem Thema gründen (wenn tatsächlicher Mehrwert) ▪ Mitglieder aus eigenem Netzwerk und dem Bekanntenkreis einladen ▪ Gruppe, Mitglieder und Beiträge bekannt machen

Strategie	Ort	Vorgehen
Firmenpräsenz aufbauen	Privates Netzwerk	▪ klare Inhaltsstrategie entwickeln (Neuigkeiten, Produkte, Interna, Witziges ...) ▪ Seite/Profil erstellen ▪ Mitarbeiter ermuntern, auf Seite/Profil selbst aktiv zu werden ▪ Seite bewerben im privaten Netzwerk und auch auf anderen Kanälen ▪ Beobachter (Fans/Followers) gewinnen und pflegen
Sich persönlich einbringen	Privates Netzwerk	▪ eigenes Profil erstellen und Freundeskreise definieren (beruflich, privat, befreundet, Familie) ▪ persönliche Inhalte (Erlebnisse, Meinungen etc.) zielgruppenspezifisch zugänglich machen ▪ mit anderen befreunden und kommunizieren (Fragen beantworten, kommentieren, Gefallen zeigen etc.)
Eigenes Netzwerk aufbauen	Unternehmensnetzwerk	▪ für aktuelle, ehemalige und zukünftige Mitarbeiter, zusammenarbeitende Partner, Dienstleister, Kunden, Lieferanten ▪ einfachen Austausch und unkomplizierte Zusammenarbeit ermöglichen durch Vollständigkeit und klaren Fokus

Tab. 6: Langfristige Marketingstrategien in sozialen Netzwerken

Aufbau einer Netzgemeinschaft

Bei jeder dieser langfristigen Strategien ist das Veröffentlichen von Stellenangeboten und Gewinnen von neuen Mitarbeitern nicht die vorrangige Tätigkeit. Es geht zuerst darum, eine Gemeinschaft von Personen aufzubauen, die eine positive Einstellung zum Unternehmen und den Tätigkeiten haben. Sobald man genügend in diese Gemeinschaft investiert hat in Form von Zeit, Inhalten und Engagement, kann man diesen Kanal auch dafür nutzen, Stellenangebote bekannt zu machen. Je nach Engagement und Art der Stellenangebote werden einzelne Personen diese Stellenangebote sogar ihren eigenen Freunden weiterempfehlen. So kann eine virtuelle Mund-zu-Mund-Propaganda entstehen. Um richtig vorzugehen und auch die Erwartungen realistisch zu setzen, sollte man sich fragen, wie man selbst in einer ähnlichen Situation bei einem anderen Unternehmen reagieren würde. Unter welchen Umständen würden Sie ein Stellenangebot von einem anderen Unternehmen privat oder auch im geschäftlichen Netzwerk empfehlen? Typischerweise müssten Sie der Überzeugung sein, dass das Unternehmen eine gute Arbeitsumgebung bietet und das Stellenangebot für mehrere Ihrer Kontakte interessant sein könnte.

6.3.1 Strategien in geschäftlichen Netzwerken

Zu den wichtigsten langfristigen Strategien in geschäftlichen Netzwerken gehören das regelmäßige Veröffentlichen von Neuigkeiten aus dem Unternehmen sowie die kontinuierliche persönliche Teilnahme im Netzwerk:

Strategie	Ort	Vorgehen
Regelmäßig ver-öffentlichen	Geschäftliches Netzwerk	<ul><li>klare Inhaltsstrategie entwickeln (Neuigkeiten, Produkte, Interna, Witziges ...)</li><li>Unternehmensprofil erstellen</li><li>Mitarbeiter ermuntern, selbst zu schreiben und Beiträge zu empfehlen</li><li>Präsenz im geschäftlichen Netzwerk bewerben</li></ul>
Kontinuierlich persönlich teil-nehmen	Geschäftliches Netzwerk	<ul><li>auch als Mitarbeiter des Unternehmens auftreten (im Profil verlinken)</li><li>Beiträge anderer kommentieren und empfehlen</li><li>Kontakte aktiv über inhaltliche Themen herstellen</li></ul>

Tab. 7: Langfristige Marketingstrategien in geschäftlichen Netzwerken

Eine der einfachsten Arten, sich in geschäftlichen Netzwerken zu engagieren und eine Gemeinschaft von interessierten Personen aufzubauen, ist das regelmäßige Veröffentlichen von Unternehmensneuigkeiten. Typischerweise werden diese Neuigkeiten bereits heute auf der Webseite des Unternehmens oder in Presseaussendungen veröffentlicht. Diese Inhalte lassen sich nutzen, in geschäftlichen Netzwerken regelmäßig Inhalte zu publizieren.

Jedoch erreicht man mit der bloßen Veröffentlichung von Unternehmensneuigkeiten nur einen relativ kleinen Kreis von Personen. Meist sind diese bereits auf andere Art an dem Unternehmen interessiert. Um einen weiteren und stetig wachsenden Kreis von Personen zu gewinnen, sollte man eine klare Inhaltsstrategie erarbeiten. Es sollte für zufällige Besucher der Unternehmenspräsenz im geschäftlichen Netzwerk schnell klar werden, welche Inhalte sie dort finden. Dadurch können sie schnell entscheiden, ob sie sich näher dafür interessieren und den Inhalten folgen wollen.

Mögliche Inhalte einer Präsenz in geschäftlichen Netzwerken

- Unternehmensneuigkeiten
  Meist gut verfügbare Inhalte, jedoch nur für einen kleinen Kreis von bereits am Unternehmen interessierten Personen attraktiv.

- Produktneuheiten
  Informationen über neu auf den Markt gebrachte Produkte oder auch
  Verbesserungen, Ergänzungen und Erweiterungen.
- Aktionen
  Besonders attraktive Angebote, limitierte Editionen und andere Vorteile für
  Personen, die Ihrer Präsenz folgen.
- Produktankündigungen
  Ankündigungen von Produkten, an denen das Unternehmen arbeitet, und
  konkrete Vorabinformationen dazu.
- Stellenangebote
  Informationen über Stellenangebote – idealerweise in Kombination mit
  weitergehenden Hintergrundinformationen.
- Berichte über soziales oder gesellschaftliches Engagement
  Manche Unternehmen engagieren sich in Gebieten, die ebenfalls eine große
  Gefolgschaft von Personen anziehen können.
- Inhaltliche Beiträge
  Fachliche Artikel und Ergebnisse aus eigener und fremder Forschung, um
  diese gut ausgewählt verfügbar zu machen.
- Kampagnen
  Gewisse Unternehmen haben attraktive Werbekampagnen, die als Inhalt für
  die Präsenz verwendet werden können.
- Beiträge aus dem Netzwerk
  Zusammentragen, Verlinken und Kommentieren von relevanten Beiträgen,
  die andere Benutzer veröffentlichen.
- Blick hinter die Kulissen
  Informationen über das Unternehmensgeschehen, Aktivitäten, Personen und
  Entwicklungen.
- Stimmen von Mitarbeitern
  Mitarbeiter berichten über ihren Arbeitsalltag, woran sie arbeiten, was ihnen
  Freude bereitet oder was sie stolz macht.
- Witziges
  Mit lustigen Zitaten und humorvollen Erkenntnissen zieht man recht einfach
  eine Gefolgschaft an. Idealerweise sollten diese Inhalte einen Bezug zur
  Unternehmenstätigkeit haben, also beispielsweise die schrägsten Bauten
  oder besten Maurerwitze für ein Bauunternehmen oder Architekturbüro.
- Weitere unternehmens- oder branchenspezifische Inhaltsbereiche.

So arbeiten Sie eine inhaltliche Strategie aus

Als erstes sollten Sie festlegen, welche Inhalte man auf dem geschäftlichen Netzwerk veröffentlichen will. Ein guter, aber nicht zu breiter Mix kann helfen, eine Zielgruppe zu erreichen und auch längerfristig interessiert zu halten. Bei zu häufigem Wechsel oder fehlendem Fokus „verliert" man im Laufe der Zeit mehr Aufmerksamkeit als man durch die Breite an zusätzlichen Personen gewinnt.

> **⊙ Tipp: Achten Sie auf erfolgreiche Netzwerke verwandter Unternehmen**
>
> Es ist ratsam, wenn Sie sich während der Ausarbeitung einer inhaltlichen Strategie für Ihr geschäftliches Netzwerk auch an anderen Unternehmen orientieren, die eine große Gefolgschaft anziehen konnten. Achten Sie auf Unternehmen der eigenen Branche oder von vergleichbaren Branchen, die relativ zu ihrer realen Größe oder Bekanntheit eine überdurchschnittlich große Gefolgschaft aufgebaut haben. Was machen diese Unternehmen in ihrer Inhaltsstrategie richtig? Was gefällt Ihnen persönlich? Was lässt Sie immer wieder auf die Seite zurückkehren oder die Inhalte lesen? Was möchten Sie selbst kopieren? Wo möchten Sie sich differenzieren?

Ein Unternehmensprofil erstellen

Nach Erarbeitung der Inhaltsstrategie ist der nächste Schritt das Erstellen eines Unternehmensprofils in dem geschäftlichen Netzwerk Ihrer Wahl. Für den deutschsprachigen Raum empfiehlt sich Xing, für eine internationale Audienz eher LinkedIn. Auf Xing sollte man die Inhalte auf Deutsch schreiben, auf LinkedIn aktuell noch auf Englisch. Auch wenn LinkedIn zunehmend im deutschsprachigen Raum Fuß fassen will und auch fasst, so bleibt LinkedIn vor allem ein englischsprachiges Netzwerk.

Auf Xing können Sie zwischen drei Varianten von Unternehmensprofilen wählen. Für eine langfristige Strategie eignet sich das „Unternehmensprofil PLUS", weil Sie dort Nachrichten veröffentlichen können und auch Interessierte diese Nachrichten abonnieren können. Abonnenten sehen Ihre Nachrichten in ihrer Info-Box direkt auf der Startseite von Xing.

Das folgende Bildschirmfoto zeigt die Anleitung zum Erstellen eines Unternehmensprofils bei Xing.

Abb. 82: Erstellen eines Unternehmensprofils (Anleitung von xing.com)

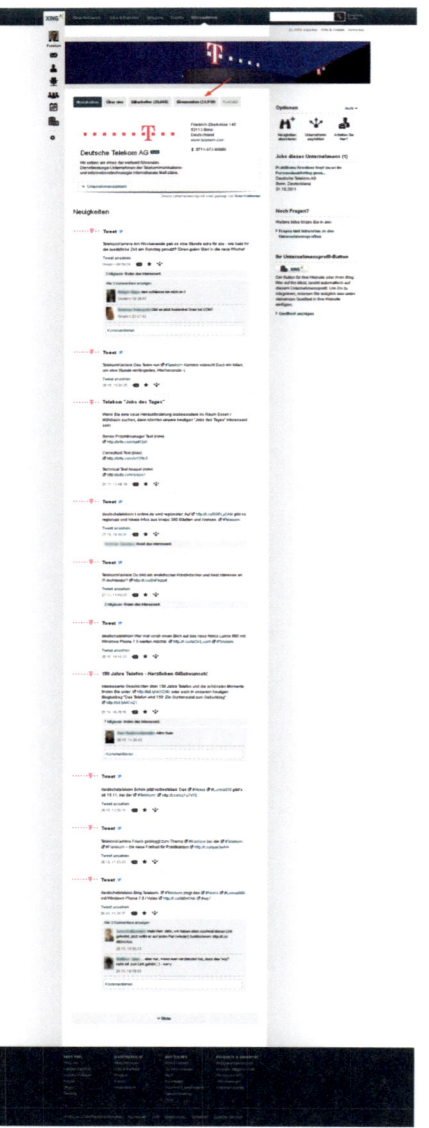

Abb. 83: Unternehmensprofil mit Anzahl der Abonnenten und „lebendigen" Nachrichten am Beispiel der Deutschen Telekom (xing.com)

Empfehlungen zur Nutzung eines Unternehmensprofils

Die folgende Checkliste enthält Empfehlungen, wie Sie ein Unternehmensprofil erfolgreich aufbauen und nutzen können:

Checkliste: So nutzen Sie Ihr Unternehmensprofil

Gestalten Sie das Unternehmensprofil entsprechend Ihrer Inhaltsstrategie. Verwenden Sie Begriffe, zu denen Sie gefunden werden möchten.	
Beginnen Sie zuerst nur in dem für Sie wichtigsten geschäftlichen Netzwerk und sammeln Sie dort Erfahrungen.	
Erstellen Sie erste Inhalte gemäß Ihrer Inhaltsstrategie. Definieren Sie eine Frequenz, in der Sie neue Nachrichten erstellen wollen und können, z. B. mindestens zwei Mal wöchentlich.	
Empfehlen Sie selbst in Ihrem Netzwerk Ihre Unternehmenspräsenz.	
Laden Sie Ihre Mitarbeiter ein, Ihrer Präsenz zu folgen, sie zu empfehlen, Nachrichten interessant zu finden, zu kommentieren, zu empfehlen und auch selbst Nachrichten zu erstellen.	
Verlinken Sie an prominenter Stelle auf Ihrer Homepage auf diese Unternehmenspräsenz mit den dafür typischen Symbolen des jeweiligen Netzwerks.	
Binden Sie die Hinweise zu Ihrer Unternehmenspräsenz in anderen Kommunikationskanälen ein, z. B. Fußzeile in der E-Mail, Newsletter, Werbematerial etc.	
Interagieren Sie mit Ihren Abonnenten, indem Sie Ihr Interesse an deren Beiträgen und Kommentaren mitteilen, indem Sie auf deren Beiträge antworten und auch Beiträge empfehlen, die diese auf deren eigenem Profil erstellt haben.	

Folgen Sie anderen Personen und Unternehmen, zeigen Sie Interesse an deren Beiträgen, kommentieren und empfehlen Sie diese.	
Finden Sie Personen und Gruppen, an denen Sie interessiert sind. Engagieren Sie sich inhaltlich über die verschiedenen Möglichkeiten (folgen/abonnieren, Interesse bekunden, kommentieren, empfehlen, selbst Beiträge erstellen etc.).	
Gestalten Sie das Unternehmensprofil entsprechend Ihrer Inhaltsstrategie. Verwenden Sie Begriffe, zu denen Sie gefunden werden möchten.	

Was Sie zur Entstehung eines lebendigen Netzwerks beitragen können

Um eine lebendige Gemeinschaft rund um Ihr Unternehmen aufzubauen, ist ein ausgewogenes Verhältnis von Geben und Nehmen wichtig. Man selbst möchte ja möglichst viele Abonnenten gewinnen, möglichst viel Interaktion und Reaktion zu den eigenen Nachrichten erreichen. Genauso geht es allen anderen in diesen geschäftlichen Netzwerken. Wenn Sie also eine aktive Gemeinschaft gewinnen wollen, so müssen Sie selbst aktiv sein – und genau das machen, was Sie von anderen wünschen.

Deshalb ist es nicht nur wichtig, dass Sie anonym als Unternehmen auftreten, sondern auch persönlich als Person und Mitarbeiter des Unternehmens. Ebenso sollten Sie versuchen, andere Mitarbeiter persönlich einzubinden in den Auftritt des Unternehmens. Gewinnen Sie Mitarbeiter dazu, selbst Beiträge zu verfassen, Interesse an Beiträgen zu bekunden, Beiträge zu kommentieren und in ihrem eigenen Netzwerk zu empfehlen. Stellen Sie Kontakte zu anderen Personen her, die sich auf Ihrem Unternehmensprofil engagieren oder auch in ähnlichen Bereichen inhaltlich aktiv sind. Engagieren Sie sich in fachlichen Gruppen zu Themen, die für Ihre Zielgruppe relevant sind. Stellen Sie Wissen zur Verfügung, „belohnen" Sie andere für deren Beiträge, indem Sie Ihr Interesse bekunden, die Beiträge kommentieren und empfehlen.

Sobald Sie eine aktive Gemeinschaft aufgebaut haben, können Sie auch Stellenangebote platzieren und dürfen darauf hoffen, dass diese eine entsprechende Beachtung finden. Eventuell sind Personen, mit denen Sie inhaltlich in Kontakt stehen – oder die an Ihren Beiträgen interessiert sind – auch an einem Stellenangebot in Ihrem Unternehmen interessiert. Oder sie kennen Personen, für die das Stellenangebot interessant sein könnte – und empfehlen dieses weiter.

Plattformen für Arbeitgeberbewertungen

Ein besonderes geschäftliches Netzwerk, das im Zusammenhang mit langfristigen Strategien für die Mitarbeitergewinnung in sozialen Medien beachtet werden sollte, sind Plattformen für Arbeitgeberbewertungen. Nähere Informationen dazu finden Sie in Kapitel 4.3.4 (siehe S. 54).

Häufig erkundigen sich potenzielle Kandidaten über mögliche Arbeitgeber auf diesen Plattformen. Die im deutschsprachigen Raum am weitesten verbreitete Plattform ist kununu. Auf kununu erstellen aktuelle und ehemalige Mitarbeiter sowie Bewerber Bewertungen des Arbeitgebers zu verschiedenen Themenbereichen, wie beispielsweise Image, Management und Chefs, Team und Kollegen, Projekte und Aufgaben, Arbeits- und Betriebsklima, Kommunikation, Gleichberechtigung, Karriere und Weiterbildung, Gehalt, Arbeitsbedingungen, Work-Life-Balance, Kollegen 45+, Umwelt- und Sozialbewusstsein. Die Beurteiler können ihre Urteile anonym abgeben. Sie bewerten auf einer Skala von sehr gut bis genügend und können Themenbereiche kommentieren sowie Empfehlungen abgeben.

Als Arbeitgeber kann man auch auf kununu Unternehmensprofile anlegen, mit denen man das Unternehmen attraktiv darstellt. Neben Logos und Unternehmensprofil (Wer wir sind; Was wir bieten; Wen wir suchen; Bewerbungstipps; Mitarbeiter Benefits) kann man zur Karriereseite verlinken und auch Photos aus dem Unternehmensalltag hochladen sowie Facebook und Twitter Aktivitäten einbinden. Mit einem erweiterten Paket lassen sich ebenfalls Stellenangebote platzieren, die auf allen Seiten von kununu als Werbung dargestellt werden, also auch beim Aufruf anderer Unternehmensprofile. Zusätzlich könnten noch Videos eingebunden werden, wobei diese aktuell von Bewerbern nicht besonders geschätzt werden.[31]

---

31 Für Tipps zur Erstellung von Arbeitgeber-Videos siehe Kapitel 5.1.3 (siehe S. 70).

Auf Bewertungen mit Stellungnahmen reagieren

Im Rahmen einer langfristigen Strategie sollte man ein Unternehmensprofil pflegen und auch auf Bewertungen reagieren. Man sollte diese regelmäßig lesen und auch im Netzwerk darauf reagieren. So können beispielsweise Bewertungen kommentiert werden. Es eigenen sind dankende Worte für positive Bewertungen, Rückmeldungen auf Verbesserungsvorschläge und auch vorsichtige Stellungnahmen zu negativen Bewertungen. Auf diese Weise zeigt man sich interessiert an der Meinung der Bewertenden und auch, dass man sich für Verbesserungen einsetzt. Wenn beispielsweise intern Maßnahmen ergriffen werden, um einen Verbesserungsvorschlag umzusetzen oder auch um einen zu Recht kritisierten Zustand zu verbessern, so kann man dies auch am entsprechenden Ort kommentieren. Idealerweise können Kommentare auch nach einer gewissen Zeit die Nachricht einer erfolgreichen Umsetzung und Verbesserung enthalten. So spüren sowohl die Bewertenden als auch andere Leser, dass man mit ihnen in Kontakt treten will und dankbar ist für Feedback. Insbesondere wenn es sich um aktive Mitarbeiter handelt, werden diese Ihr Engagement schätzen und auch in zukünftigen Bewertungen berücksichtigen.

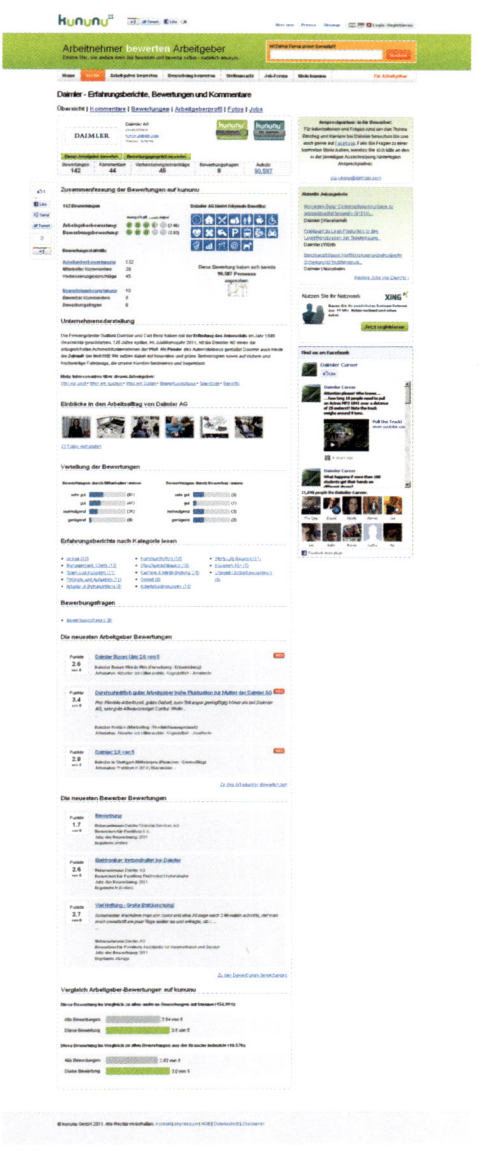

Abb. 84: Arbeitgeberprofil auf kununu (kununu.com)

6.3.2 Strategien in fachlichen Netzwerken

In fachlichen Netzwerken bieten sich vor allem zwei langfristige Strategien an:

Strategie	Ort	Vorgehen
Inhaltlich beitragen	Fachliches Netzwerk	▪ als inhaltlicher Experte auftreten (Unternehmen als Referenz, aber nicht im Fokus) ▪ Fragen anderer hilfreich beantworten ▪ nützliche Beiträge schreiben ▪ auf Interessantes hinweisen
Gruppe moderieren	Fachliches Netzwerk	▪ Forum zu bestimmtem Thema gründen (wenn tatsächlicher Mehrwert) ▪ Mitglieder aus eigenem Netzwerk und Bekanntenkreis einladen ▪ Gruppe, Mitglieder und Beiträge bekannt machen

Tab. 8: Langfristige Strategien in fachlichen Netzwerken

In fachlichen Netzwerken bringen sich in der Regel engagierte Mitarbeiter ein. Sie diskutieren Problemstellungen, helfen sich gegenseitig weiter, dokumentieren Lösungswege und unterhalten sich über Neuigkeiten und fachliche Entwicklungen. Aus diesem Grund sind fachliche Netzwerke ein guter Ort, mit einer spezifischen Zielgruppe in Kontakt zu treten.

Der Inhalt fachlicher Netzwerke besteht meist aus unentgeltlichen Beiträgen von Freiwilligen. Deshalb ist es wichtig, diese „kommerzfreie" Zone zu respektieren. Viele fachliche Netzwerke bieten eigene Bereiche an, in denen man Stellenangebote veröffentlichen und auch Stellensuchende ansprechen kann.[32]

Möchte man sich längerfristig in fachlichen Netzwerken engagieren und so eine wohlwollende Meinung dieser Gemeinschaft gewinnen, so muss man sich auch fachlich in diesem Netzwerk engagieren. Dieses Engagement kann nicht „anonym" von einem Unternehmen geleistet werden, sondern es sind immer einzelne Experten, die sich in einem fachlichen Netzwerk engagieren. Der Hinweis auf das Unternehmen findet sich in den Profilen, welche die Experten hinterlegen. Dieser Hinweis dient auch gleichzeitig zur Referenz ihrer Expertise. Somit ist es offensichtlich, dass in den meisten Fällen Personalverantwortliche in fachlichen Netzwerken wenig beitragen können – außer es handelt sich um HR-Netzwerke. Die meisten Fach- und Führungskräfte werden jedoch außer-

---

32 Siehe Kapitel 6.2.4 (siehe S. 140) „Personen finden und Stellen inserieren in fachlichen Netzwerken".

halb der HR-Domäne gesucht. So ist die Aufgabe von Personalverantwortlichen, fachliche Experten des eigenen Unternehmens dazu zu gewinnen, sich inhaltlich in gewissen Netzwerken einzubringen.

Diese Experten können eigene Erkenntnisse und Lösungen für fachliche Probleme einstellen, Fragen anderer beantworten und auf interessante Entwicklungen und Neuigkeiten aufmerksam machen. Je mehr Zeit und Energie fachliche Experten in ein Netzwerk investieren, desto größer werden ihr Kontaktnetzwerk und auch der Goodwill, den sie mit ihren Beiträgen erzeugen. Wer viele fundierte Beiträge verfasst hat, dem erlaubt es auch die „Netiquette", in manchen Beiträgen darauf hinzuweisen, dass man Experten für die eine oder andere Aufgabe sucht. Dies spricht dann eventuell Personen an, die bereits von einem Beitrag des Experten profitiert haben und die sich daraufhin eine Bewerbung konkret überlegen.

Eine eigene Gruppe gründen oder moderieren

Eine weitere Steigerungsform ist das Gründen oder Moderieren einer eigenen Gruppe. Falls es beispielsweise noch kein vernünftiges fachliches Netzwerk zu einem bestimmten Thema gibt, so kann man selbst ein solches erstellen. Das naheliegendste Thema ist ein fachliches Netzwerk zu den eigenen Produkten und Dienstleistungen, auf dem sich Kunden, Lieferanten und Interessierte austauschen können. Dieses Netzwerk kann man entweder auf der eigenen Homepage betreiben[33] oder als Gruppe in geschäftlichen Netzwerken wie Xing oder LinkedIn. Für andere fachliche Themen eigenen sich ebenfalls Gruppen auf geschäftlichen Netzwerken oder „Unterforen" in bestehenden fachlichen Netzwerken, die ein Experte Ihres Unternehmens moderiert und auch mit Beiträgen aktuell hält.

Als Moderator oder Gründer eines fachlichen Austausches in einem geschäftlichen Netzwerk sollte man zusätzlich auch neue Mitglieder gewinnen und die Gruppe bei seinen persönlichen Kontakten bekannt machen. Ein guter Moderator macht einzelne aktive Mitglieder und gute Beiträge bekannt. Wenn ein Moderator einzelne Beiträge heraushebt, in seinem Beiträgen auf sie verweist und sie auch außerhalb des Netzwerkes erwähnt, so erfährt das beworbene Mitglied eine besondere Beachtung und wird zu dem Netzwerk und dem Moderator eine gewisse Loyalität und Dankbarkeit aufbauen. Natürlich sollten externe Nennungen der Person und des Netzwerkes auch wieder ins Netzwerk zurückgespiegelt werden. Wenn der Moderator zum Beispiel einen Vortrag an

---

33 Siehe Kapitel 6.3.4 (siehe S. 199) „Aufbau eines eigenen Netzwerkes".

einer Fachkonferenz hält oder einen Beitrag in einem Journal schreibt und dabei auf einzelne Beiträge und Personen in seinem Netzwerk Bezug nimmt, so kann er dies wieder in einem Beitrag im Netzwerk erwähnen. So verstärkt sich die Wirkung dieser Werbung.

Die Aufgabe von Personalverantwortlichen in fachlichen Netzwerken

Personalverantwortliche haben im Rahmen einer langfristigen Strategie in fachlichen Netzwerken vor allem folgende Aufgaben:

- Identifikation von passenden fachlichen Netzwerken – meist in Zusammenarbeit mit inhaltlichen Experten des Unternehmens
- Gewinnen von Mitarbeitern, die sich in dem fachlichen Netzwerk engagieren und inhaltliche Beiträge leisten sollen
- Anerkennen und Ermuntern dieser Tätigkeit als einen Teil der regulären Arbeit, die Mitarbeiter während ihrer Arbeitszeit erledigen dürfen und sollen
- Kommunizieren des Vorbilds nach innen und Bewerben der fachlichen Experten nach außen als Mitarbeiter, auf die das Unternehmen stolz ist
- regelmäßige Beobachtung der Aktivitäten eigener Experten in den festgelegten fachlichen Netzwerken und Erinnern, falls längere Zeit keine Aktivität stattgefunden hat

6.3.3 Strategien in privaten Netzwerken

Auch in privaten Netzwerken gibt es Möglichkeiten, sich langfristig geschäftlich zu engagieren. Die folgende Tabelle bietet einen ersten Überblick:

Strategie	Ort	Vorgehen
Firmenpräsenz aufbauen	Privates Netzwerk	- klare Inhaltsstrategie entwickeln (Neuigkeiten, Produkte, Interna, Witziges ...) - Seite/Profil erstellen - Mitarbeiter ermuntern, auf Seite/Profil selbst aktiv zu werden - Seite bewerben im privaten Netzwerk und auch auf anderen Kanälen - Beobachter (Fans/Followers) gewinnen und pflegen

Strategie	Ort	Vorgehen
Sich persönlich einbringen	Privates Netzwerk	▪ eigenes Profil erstellen und Freundeskreise definieren (beruflich, privat, befreundet, Familie)
		▪ persönliche Inhalte (Erlebnisse, Meinungen etc.) zielgruppenspezifisch zugänglich machen
		▪ mit anderen befreunden und kommunizieren (Fragen beantworten, kommentieren, Gefallen zeigen etc.)

Tab. 9: Langfristige Strategien auf privaten Netzwerken

Private Netzwerke dienen in erster Linie der Kontaktpflege mit Freunden und Bekannten. Für die kommerzielle Nutzung sind klar definierte Gebiete vorgesehen: deklarierte Werbung in dafür vorgesehenen Bereichen (auf Facebook beispielsweise die rechte Spalte)[34] und dafür vorgesehene Orte zur Präsentation von Unternehmen, Produkten und Initiativen (auf Facebook beispielsweise „Fan-Seiten").

Du oder Sie – Wie soll der Benutzer angesprochen werden?

Wie auch bei geschäftlichen Netzwerken sollte man zuerst eine Inhaltsstrategie festlegen. Gemäß der Natur des Netzwerkes kann der Auftritt durchaus weniger formell gestaltet werden, was aber nicht weniger professionell bedeutet.

Auf privaten Netzwerken stellt sich insbesondere auch die Frage, wie man die Benutzer ansprechen möchte, mit „Du" oder mit „Sie" oder Varianten davon. Die Wahl der Anrede muss aber auf jeden Fall authentisch sein. Ein Unternehmen, in dem sich die meisten Kollegen untereinander siezen, sollte nicht auf einem privaten Netzwerk externe Personen mit „Du" ansprechen. Umgekehrt ist es durchaus möglich, dass ein Unternehmen, in dem das „Du" normal ist, außenstehende Personen siezt, insbesondere wenn es sich um ältere Kundschaft handelt.

◉ Tipp: Stellen Sie sich auf die Ansprache des Benutzers ein

Auf jeden Fall sollten Sie auf die Ansprache eines Benutzers adäquat reagieren. Wenn ein Benutzer einen Kommentar hinterlässt und dabei das „Du" wählt und mit Vornamen unterschreibt, dann können Sie ihn oder sie

---

34 Werbung schalten gehört zu den kurzfristigen Strategien, die in Kapitel 6.2.5 (siehe S. 154) „Werbung schalten in privaten Netzwerken" beschrieben wird.

getrost auch duzen. Wenn Sie auf Ihrer Seite generell alle Personen duzen und dennoch ein Benutzer einen Kommentar mit „Sie" hinterlässt, dann sollten Sie ihn dennoch siezen. Alles andere würde der Benutzer möglicherweise als unhöflich oder sogar herablassend empfinden.

Die folgende Tabelle fasst die Vor- und Nachteile verschiedener Anredeformen noch einmal zusammen:

Generelle Anrede	Geeignet für/ Bemerkungen	Vorteile/Nachteile + = Vorteil – = Nachteil
„Du"	jüngere Unternehmen und Unternehmen mit jüngerer Kundschaft, die auch intern das „Du" pflegen	+ junges, modernes Auftreten + Wahrnehmung als unkompliziert – ältere Besucher fühlen sich unwohl – kann unprofessionell wirken
„ihr/Sie"	Zwischenvariante: die Mehrzahl der Benutzer wird mit „ihr" angesprochen, einzelne Personen mit aber mit „Sie"	+ lockere Anrede für Allgemeines + formelle Ansprache von Einzelnen – in Deutschland weniger üblich – keine klare Linie, wirkt inkonsistent
„Sie"	Unternehmen, die in der Außenkommunikation Wert auf höflichen-formellen Umgang legen und die sich auch intern siezen	+ auf der sicheren Seite + unterstützt Professionalität – Wahrnehmung als steif/formell – ungewohnt für jüngere Benutzer
„you"	internationale Unternehmen, die auch intern Englisch nutzen und eine internationale Kundschaft haben	+ keine Unterscheidung Du/Sie + kann auf die Anredeform der Benutzer reagieren – nicht jeder versteht Englisch – kann hemmend wirken

Tab. 10: Vor- und Nachteile verschiedener Anredeformen

Junge Unternehmen, in denen selbst generell das „Du" verwendet wird, können auch in privaten Netzwerken generell das „Du" verwenden. Dies gilt ebenso für Unternehmen, die eine junge Kundschaft haben. Damit erzielt man ein junges, modernes Auftreten und wird von den Lesern als unkompliziert und kamerad-

schaftlich wahrgenommen. Für ältere Benutzer ist dies jedoch etwas unge-
wohnt und wirkt tendenziell weniger professionell.

Eine Zwischenvariante zum reinen „Du" besteht darin, in der anonymen
Ansprache der Benutzer allgemein das „ihr" zu verwenden. Zum Beispiel: „Wir
danken euch für euer zahlreiches Feedback zu unserer neuen Aktion". Das ist
zwar ebenso für ältere Benutzer etwas ungewöhnlich, aber wirkt weniger
informell als das reine „Du". Wenn man dann mit einem einzelnen Benutzer
kommuniziert, verwendet man dann aber dennoch das „Sie". Somit wirkt der
Auftritt weniger formell. Dennoch fühlen sich ältere Benutzer nicht zu einem
„Du" genötigt, das ihnen unpassend erscheint. Diese Variante ist in Deutschland allerdings nicht sehr verbreitet, da es für einzelne Benutzer inkonsistent
oder unpassend wirkt, wenn die Mehrzahl mit „ihr" geduzt wird, es aber im
Einzelfall beim höflichen „Sie" bleibt.

Die konsequente Verwendung der Sie-Form sollten Unternehmen nutzen, die
Wert auf eine formell korrekte Ansprache legen – und vor allem auch Unternehmen, in denen das „Sie" generell vorherrscht. Damit befindet man sich in
jedem Fall auf der sicheren Seite und unterstützt den Eindruck der Professio-
nalität. Jüngere Benutzer nehmen diese Art der Ansprache jedoch als steif und
formell wahr – und sie fühlen sich nicht so angesprochen, wie sie es sonst auf
diesem privaten Netzwerk gewohnt sind.

Anrede auf Englisch

Für internationale Unternehmen oder Unternehmen mit einer internationalen
Kundschaft bietet es sich auch an, auf Englisch zu kommunizieren. Damit kann
man mit einer Unternehmenspräsenz international auftreten und umgeht die
Alternative „Du oder Sie?" mit einem gleichermaßen passenden „you". Man
kann dann auf die einzelnen Benutzer reagieren. Wenn jemand mit dem
Nachnamen „unterschreibt", sofern er überhaupt eine „Unterschrift" bei seinem
Kommentar hinterlässt, sollte diese Person auch mit Nachnamen angesprochen
werden. Andere Personen, die gar nicht oder mit ihrem Vornamen „unter-
schreiben", kann man getrost mit dem Vornamen ansprechen. Jedoch sollte
man sich bewusst sein, dass es für viele Benutzer aus dem deutschsprachigen
Raum eine größere Hürde darstellt, einen Beitrag zu verfassen, wenn die
Sprache Englisch ist. Dies kann für den Aufbau einer lebendigen Netzgemeinschaft hemmend wirken.

Auswahl der geschäftlichen Inhalte in privaten Netzwerken

Bezüglich der Inhalte gelten ähnliche Überlegungen wie bei geschäftlichen Netzwerken. Zuerst sollten Sie sich überlegen, welche Inhalte Sie auf Ihrer Unternehmenspräsenz in privaten Netzwerken verbreiten möchte. Den Besuchern der eigenen Präsenz sollte schnell klar werden, was sie dort erwartet, damit sie auch entscheiden können, ob die Inhalte sie interessieren. Nur so gewinnt man „Fans" bzw. eine große Zahl von Besuchern („Followers"). Die möglichen Inhalte unterscheiden sich nicht grundsätzlich von geschäftlichen Netzwerken, doch können sie in einem weniger formellen Ton kommuniziert werden. Und es gibt auch andere, persönlichere Inhalte, die man auf privaten Netzwerken nutzen kann.

Mögliche Inhalte einer Unternehmenspräsenz in privaten Netzwerken

- Unternehmensneuigkeiten
  Meist gut verfügbare Inhalte, die jedoch nur für einen kleinen Kreis von bereits am Unternehmen interessierten Personen attraktiv sind. Auf jeden Fall sollte man darauf achten, dass diese Neuigkeiten nicht wie Unternehmens-Pressemeldungen formuliert sind. Sonst wirkt das schnell fehl am Platz für viele Benutzer.

- Produktneuheiten
  Informationen über neu auf den Markt gebrachte Produkte oder auch Verbesserungen, Ergänzungen und Erweiterungen. Man sollte darauf achten, dass diese interessant und auch individuell formuliert sind – und es sich nicht um direkte Übernahmen von Marketingtexten handelt.

- Aktionen
  Besonders attraktive Angebote, limitierte Editionen und andere Vorteile für Personen, die Ihrer Präsenz folgen. Gerade die heutigen „täglichen Aktionen"[35] zeigen, wie man Aktionen auch interessant und kurzweilig anpreisen kann.

- Produktankündigungen
  Ankündigungen von Produkten, an denen das Unternehmen arbeitet, und konkrete Vorabinformationen dazu. Auch hier ist auf eine weniger formelle Darstellung der neuen Produkte zu achten. Was könnte ein jüngeres Publikum „cool" finden?

---

35 Siehe beispielsweise groupon.de, dailydeal.de, deindeal.ch. *Groupon* beschäftigt beispielsweise spezialisierte Kreativ-Texter für die Formulierung von Werbetexten.

▦ Stellenangebote
Informieren Sie über Stellenangebote, idealerweise in Kombination mit
weitergehenden Hintergrundinformationen. Gerade Stellenangebote in privaten Netzwerken sollten jünger formuliert werden als auf geschäftlichen
Plattformen oder Stelleninseraten.

▦ Berichte über soziales oder gesellschaftliches Engagement
Manche Unternehmen engagieren sich in Gebieten, die ebenfalls eine große
Zahl von Besuchern anziehen können. Hier kann man persönliche Noten und
Bemerkungen der dafür zuständigen Personen einbinden.

▦ Kampagnen
Gewisse Unternehmen haben attraktive Werbekampagnen, die als Inhalt für
die Präsenz verwendet werden können. Die Kampagnen sollten jüngere
Personen ansprechen und auch entsprechend dargestellt werden.

▦ Beiträge aus dem Netzwerk
Zusammentragen, Verlinken und Kommentieren von passenden Beiträgen,
die andere Benutzer schreiben. Das ist gerade in privaten Netzwerken ein
wichtiges Element, weil die Personen meist persönliche Beiträge schreiben.

▦ Blick hinter die Kulissen
Informationen über das Unternehmensgeschehen, Aktivitäten, Personen und
Entwicklungen. Dies eignet sich in privaten Netzwerken sehr gut, sofern
diese Informationen auch einzelne Personen in den Vordergrund stellen.

▦ Stimmen von Mitarbeitern
Mitarbeiter berichten über ihren Arbeitsalltag, woran sie arbeiten, was ihnen
Freude bereitet oder was sie stolz macht. Diese persönliche Note spricht
insbesondere Personen an, die an dem Unternehmen als Arbeitgeber interessiert sein könnten.

▦ Witziges und Anekdoten
Mit lustigen Zitaten und humorvollen Erkenntnissen zieht man recht einfach
eine große Besucherzahl an. Idealerweise sollten diese Inhalte einen Bezug
zur Unternehmenstätigkeit haben, also beispielsweise die schrägsten Bauten
oder besten Maurerwitze für ein Bauunternehmen oder Architekturbüro.

Nach der Festlegung der Inhaltsstrategie kann man damit beginnen, eine
Präsenz im privaten Netzwerk aufzubauen. Auf Facebook sind das beispielsweise „Seiten", auf Twitter „Profile".

Unternehmensseiten auf Facebook

Facebook bietet verschiedene Vorlagen an, die bereits typische Elemente einer Präsenz in einem privaten Netzwerk enthalten. Jede dieser Seiten erlaubt Besuchern, Inhalte anzusehen sowie Beiträge und Kommentare zu hinterlassen. Durch Klicken auf „gefällt mir" erhalten Besucher Neuigkeiten dieser Seite in ihrer Neuigkeiten-Übersicht. Dies ist also der beste Ort für Unternehmen, eine Gemeinschaft von interessierten Nutzern privater Netzwerke aufzubauen und mit ihnen in Interaktion zu treten.

Das folgende Bildschirmfoto zeigt verschiedene Vorlagen für Unternehmensseiten auf Facebook.

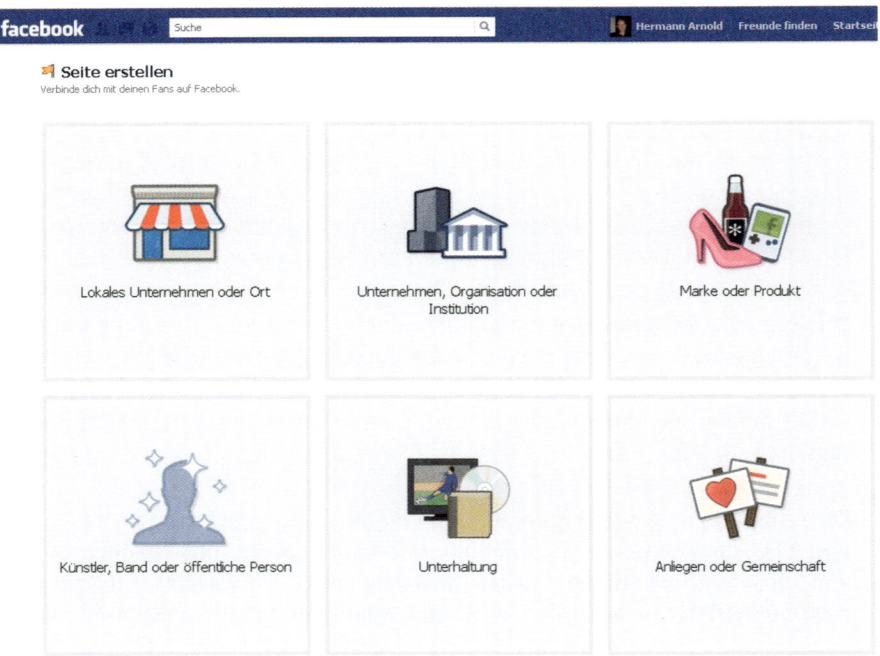

Abb. 85: Verschiedene Seitenvorlagen auf Facebook (facebook.com)

Typen von Seiten auf Facebook

- Lokales Unternehmen oder Ort
Eine Unternehmensseite mit einer konkreten Adresse. Meist sucht man ein solches Unternehmen auf, um das Produkt oder die Dienstleitung in Anspruch zu nehmen, beispielsweise eine Pizzeria, ein Coiffeur oder eine Sehenswürdigkeit. Besucher können etwas auf der Pinnwand eintragen, Photos ansehen und hochladen sowie anderen mitteilen, dass sie an diesem Ort waren.

- Unternehmen, Organisation oder Institution
Diese Seite ist voreingestellt für Unternehmen, die sich nicht an einem Ort befinden oder für die ein Besuch des Unternehmens vor Ort nicht vordergründig ist. Diese Art von Seiten eignet sich für internationale Unternehmen, Industrieunternehmen und generell alle Unternehmen, die typsicherweise keinen Publikumsverkehr haben. Diese Seite stellt so etwas wie eine eigene Webseite der Firma innerhalb von Facebook dar. Es können beliebige Inhalte und Bereiche erstellt werden.

- Marke oder Produkt
Diese Seiten dienen der Darstellung von einzelnen Produkten, Produktkategorien oder ganzen Marken. Typische Elemente sind Vorstellungen von Produktneuheiten, Informationen über Aktivitäten und Aktionen sowie Photos und Videos zu den Produkten oder der Marke.

- Künstler, Band oder öffentliche Person
Diese Seiten werden von Gruppen oder Personen genutzt, bei denen man auch schon vor dem Entstehen privater sozialer Netzwerke im Internet von „Fans" oder Anhängern gesprochen hat. Typischerweise werden Neuigkeiten zu der Person oder Gruppe publiziert, „Produkte" wie Videos, Photos, Konzepte vorgestellt, Fragen von Fans beantwortet und Auftritte an Veranstaltungen angekündigt und nachbearbeitet.

- Unterhaltung
Diese Seiten dienen vor allem Aktivitäten der Freizeitgestaltung als Präsenz, wie beispielsweise Filmen, Musik, Kinos, aber auch Sportstätten, Büchern oder Bücherläden. Hier können Besucher ihre Meinung über die Freizeitaktivitäten austauschen, sich über Neuigkeiten und Hintergründe informieren.

- Anliegen und Aktivitäten der Gemeinschaft
Diese Seiten entstehen, um Unterstützung für gewisse Aktionen und Aktivitäten zu organisieren, wie beispielsweise Demonstrationen und religiöse, politische oder gesellschaftliche Anliegen. Auf diesen Seiten werden neueste Informationen ausgetauscht, Aktionen geplant und beworben sowie nachbereitet.

Grundsätzlich können alle Seitentypen alle Funktionalitäten bieten – die Vorlagen dienen lediglich einer Vorauswahl typischer Funktionalitäten je nach Verwendungszweck der Seite. Facebook bietet eine gute Hilfeseite, wie man Seiten erstellen, nutzen und bewerben kann. Diese Anleitung finden Sie unter tiny.cc/FBSeiten.

Integration von Anwendungen auf der Seite

Um die Interaktion mit Benutzern zu steigern, kann man verschiedene Anwendungen auf der Seite integrieren. Facebook bietet inzwischen eine Vielzahl von Anwendungen an, von denen viele durch externe Entwickler zur Verfügung gestellt werden. Eine beliebte Anwendung bilden beispielsweise Umfragen. Wenn Sie eine Umfrage auf Ihrer Seite integrieren möchten, so suchen Sie in Facebook nach dem Begriff der gesuchten Anwendung, wie das folgende Bildschirmfoto zeigt.

Abb. 86: Suche nach Anwendungen, am Beispiel Umfrage (facebook.com)

Im Suchergebnis können Sie auf der linken Seite den Filter auf „Anwendungen" setzen, um nur Anwendungen angezeigt zu erhalten. In dem speziellen Such-fenster im Bereich der Anwendungen können Sie die Suche eingrenzen oder nach anderen Anwendungen suchen. Die Popularität der Anwendung gibt ihnen einen guten Hinweis auf die Qualität. Es ist meist hilfreich, neben deutschen Begriffen auch nach den englischen Übersetzungen zu suchen, da viele Entwickler ihre Anwendungen nur auf Englisch einstellen und beschrei-ben. Eine der populärsten deutschsprachigen Umfrage-Anwendungen hat einige tausend monatliche Nutzer. Die wahrscheinlich meistverwendete Um-frage-Anwendung – sucht man nach „Poll" – listet 770.000 monatlich aktive Nutzer auf. Sie können sich die Anwendung anzeigen lassen und diese dann auf Ihrer Seite einbinden.

Möglichkeiten und Funktionalitäten, um Interaktionen zu erhöhen

Satzvervollständigungen

Einen Satz anzufangen und Benutzer um die Vervollständigung zu bitten, ist meist eine gute Möglichkeit, die Interaktion mit Interessierten zu beginnen. Beispielsweise könnte eine Aufforderung zur Satzvervollständigung sein: „Das Auto der Zukunft ist _____" oder „Ich liebe meinen Job, weil _____". Die Ergänzungen der Benutzer erscheinen dann auch bei allen Freunden und Bekannten im Neuigkeiten-Bereich.

Das Bildschirmfoto zeigt das Beispiel für eine solche Satzvervollständigung bei Facebook.

Abb. 87: Beispiel für Satzvervollständigung (facebook.com/ilovemyjob.initiative)

Fragen

Sie können offene Fragen stellen, die Benutzer beantworten können. Wenn schon einzelne Antworten eingegangen sind, können weitere Antwortende entweder einer bestehenden Antwort ihre Stimme geben oder neue Antworten erstellen. Auch dazu ein Bildschirmfoto von Facebook:

⊞ Fragen   **Aktivitäten deiner Freunde** · Deine Aktivität

Teilen: ⊞ **Frage**

Lerne von deinen Freunden und anderen Personen: [?]

Frage etwas ...

Umfrageoptionen

+

+ Option hinzufügen ...

+ Option hinzufügen ...

☑ **Allen Nutzern das Hinzufügen von**   ✳ Benutzerdefiniert ▼   **Frage stellen**

Optionen gestatten

Abb. 88: Stellen von Fragen (facebook.com)

Umfragen

Umfragen zu persönlichen Einschätzungen oder Meinungen sind eine gute Möglichkeit, mit wenig Aufwand eine Beziehung zu den Benutzern herzustellen. Bei Umfragen müssen die Antwortenden meist nur aus wenigen Antwortmöglichkeiten auswählen und haben mit einem Klick einen Beitrag geleistet.

Wettbewerbe

Lassen Sie Benutzer miteinander in Wettbewerb treten und andere Benutzer entscheiden, wer den Wettbewerb gewinnt. Klassiker sind beispielsweise Photo-Wettbewerbe. Benutzer laden ein Photo zu dem von Ihnen angegebenen Thema auf die Seite. Wer die meisten „gefällt mir" erhält, hat den Wettbewerb gewonnen. Häufig machen die Teilnehmer unter ihren Freunden Werbung und bitten diese um ein „gefällt mir". Dadurch gewinnen Sie zusätzliche Fans auf Ihrer Seite.

Diskussionen

Sie können auf Ihrer Seite ein Diskussionsforum eröffnen, in denen Benutzer ihre Meinung äußern und diskutieren können. Ein solches Diskussionsforum sollte von Ihnen gepflegt werden und Sie sollten selbst an Diskussionen teilnehmen. Häufig sind Diskussionen auf Facebook jedoch nicht besonders erfolgreich.

Veranstaltungen

Publizieren Sie Veranstaltungen und laden Sie Ihre Fans dazu ein. Eine Anmeldung durch einen Benutzer wird allen seinen Freunden angezeigt und animiert eventuell weitere, sich für die Veranstaltung anzumelden.

Spiele

Es gibt eine große Anzahl an Anbietern, die Spiele auf Facebook entwickeln. Vielleicht haben Sie ja eine gute Idee, wie man Ihre Botschaft als Spiel verpacken kann.

Nachdem Sie Ihre Inhaltsstrategie entwickelt und die Seite entsprechend erstellt und mit erstem Inhalt versehen haben, laden Sie Mitarbeiter, Freunde und Bekannte ein. Bitten Sie sie die Seite zu besuchen, auf „gefällt mir" zu klicken und einen Kommentar zu hinterlassen, an einer Umfrage teilzunehmen oder ein Photo hochzuladen. Ihre Besucher können die Seite auch weiterempfehlen („teilen" bzw. „share"), um ihre Freunde und Bekannten darauf hinzuweisen.

Sie können die Seite auf der Webpräsenz Ihres Unternehmens verlinken und über soziale Zusatzprogramme („social plug-ins") einzelne Inhalte bereits auf Ihrer Homepage anzeigen. So kann man zum Beispiel einen „gefällt mir" Knopf bereits auf der eigenen Webseite anbieten – und Fans anzeigen, denen diese Seite gefällt. Viele der sozialen Zusatzprogramme sind so ausgerichtet, dass für die Benutzer meist die Aktivitäten ihrer Freunde und Bekannten besonders hervorgehoben sind, oder sie diese als erstes sehen.

Folge "I love my Job" auf Facebook!

Abb. 89: Soziales Zusatzprogramm, das man auf seiner Webseite einbinden kann

Zur Verstärkung Ihrer Anstrengungen, die Seite bekannt zu machen, können Sie auch bezahlte Werbung auf Facebook für die Seite schalten.[36] Sie können auch die Meldungen werblich hervorheben, wenn eine Person auf „gefällt mir" klickt. Dies wird den Freunden und Bekannten der Person als Werbung angezeigt und erhöht damit die Wirkung der Werbung.

Sie sollten die Seite häufig aktualisieren und weitere Inhalte einstellen. Belohnen Sie Beiträge von Fans durch „gefällt mir" und/oder einen nützlichen Kommentar. Dies ist ein wichtiger Baustein im Aufbau von Loyalität und Bindung.

Beliebte Karriereseiten auf Facebook

Die folgende Aufzählung bietet einen Überblick über die beliebtesten Karriereseiten auf Facebook.

Internationale Karriereseiten

- Ernst & Young Careers (facebook.com/ernstandyoungcareers)
- EU Careers (facebook.com/EU.Careers.EPSO)
- Verizon Wireless Careers (facebook.com/verizonwirelesscareers)
- Microsoft Careers (facebook.com/MicrosoftCareers)
- Hyatt Hotels and Resorts Careers (facebook.com/hyattcareers)

Deutsche Karriereseiten

- BMW Karriere (facebook.com/bmwkarriere)
- Bundeswehr-Karriere (facebook.com/bundeswehr.karriere)
- Be Lufthansa (facebook.com/BeLufthansa)

---

36 Eine Anleitung dazu finden Sie in Kapitel 6.2.5 (siehe S. 154) „Werbung schalten in privaten Netzwerken".

- Karriere bei Audi (facebook.com/audikarriere)
- Volkswagen Karriere (facebook.com/volkswagen.karriere)

Zahlreiche Unternehmen haben keine eigene Karrierepräsenz aufgebaut, sondern diese in ihren allgemeinen Firmenauftritt auf Facebook integriert. Dies macht durchaus Sinn, da man ja erstens unter den Interessierten an dem Unternehmen auch potenzielle Bewerber finden kann – und für potenzielle Bewerber auch das gesamte Unternehmen, deren Produkte, Dienstleistungen, Mitarbeiter und Kunden interessant sind. Insbesondere für kleinere Unternehmen eignet sich diese Vorgehensweise.

Möglichkeiten der Kontaktaufnahme mit Bewerbern bei Twitter

Auch das soziale Netzwerk Twitter bietet für Unternehmen eine gute Möglichkeit, in Kontakt mit potenziellen Bewerbern zu kommen. Hier gelten grundsätzlich ähnliche Vorgehensweisen wie bei Facebook.

Legen Sie zuerst eine Inhaltsstrategie fest: Wollen Sie über Neuigkeiten aus dem Unternehmen berichten oder nur Stellenangebote verlinken? Oder wollen Sie auf interessante inhaltliche Beiträge verweisen? Oder erstellen Sie eine Sammlung von humorvollen Sprüchen?

Nach Festlegung einer Inhaltsstrategie erstellen Sie ein Profil auf Twitter und beginnen mit dem Schreiben von Nachrichten. Laden Sie Mitarbeiter, Freunde und Bekannte dazu ein, ihrem Profil zu folgen. Bewerben Sie Ihr Profil mit den Möglichkeiten von Twitter und auch von Ihrer Unternehmenswebseite aus.

Werden Sie aktiv, indem Sie passende Mitteilungen anderer Benutzer favorisieren, weiter verbreiten („retweeten") oder auch auf diese Mitteilungen antworten. Insbesondere das Weiterverbreiten von Nachrichten ist für den ursprünglichen Verfasser der Nachricht eine schöne Empfehlung und erhöht damit das Interesse und auch die Bindung zu ihnen. Folgen Sie selbst interessanten Profilen, die zu Ihrer Inhaltsstrategie passen.

Tipps zum Aufbau einer Gemeinschaft auf Twitter[37]

- Zuhören
  Lesen Sie regelmäßig Kommentare über Ihre Unternehmung, Ihre Marken und Produkte. Sie können nach bestimmten Begriffen suchen und diese Suchen abspeichern.

---

37 In Anlehnung an die Hilfestellung von Twitter: Twitter.com.

Abb. 90: Suche nach Begriffen und Abspeichern der Suche (twitter.com)

▣ Belohnen
Schreiben Sie über Spezialangebote, Rabatte oder Tagesaktionen.

▣ Kundenservice
Antworten Sie auf Komplimente und Feedback, möglichst zeitnah.

▣ Beteiligen
Teilen Sie Photos und Hintergrundinformationen über Ihr Unternehmen.
Geben Sie Einsicht in Entwicklungsprojekte und zukünftige Veranstaltungen.
Benutzer kommen auf Twitter, um die neuesten Nachrichten zu finden.

▣ Demonstrieren Sie Expertise
Verlinken Sie Artikel zu Bereichen, in denen Ihr Unternehmen tätig ist.

▣ Zeigen Sie etwas Persönliches
Erzählen Sie, was sie mögen und warum.

▣ Erhöhen Sie Loyalität
Verbreiten Sie Nachrichten anderer („retweeten") und antworten Sie öffentlich auf Nachrichten.

▣ Stellen Sie Fragen
Stellen Sie Fragen an Ihre Beobachter („followers"), um wertvolle Einsichten zu erhalten.

▣ Finden Sie Ihre Stimme
Twitter-Benutzer schätzen einen direkten, authentischen und freundlichen Ton von Unternehmen. Schreiben Sie so, wie Ihr Unternehmen auf Twitter wahrgenommen werden soll.

Persönliches Engagement in einem privaten Netzwerk

Private Netzwerke sind grundsätzlich ein Ort für Individuen. Facebook bietet an, die Seiten als „Seite" zu nutzen, wodurch alle Meldungen nicht im eigenen Namen geschrieben werden, sondern im Namen der Seite. Dadurch verliert die Seite möglicherweise ihren persönlichen Charakter, den man sonst auf Facebook erwartet.

Sie können auch als Person Facebook für Ihre beruflichen Zwecke nutzen. Wenn Sie ein eigenes Profil erstellen, so können Sie unterschiedliche Listen definieren. Wenn Sie beispielsweise eine Liste ihrer beruflichen Kontakte erstellen, so können Sie alle beruflichen Kontakt unter dieser Liste speichern, wie das folgende Bildschirmfoto zeigt.

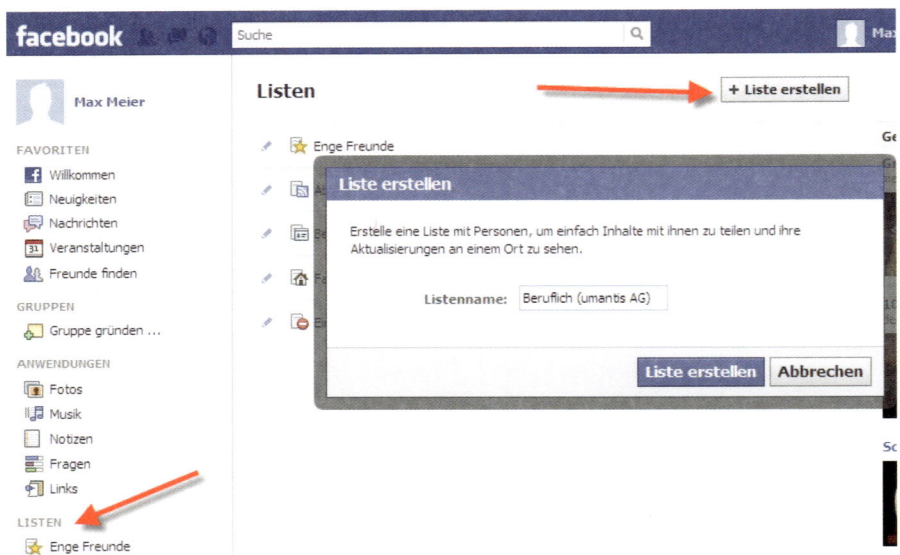

Abb. 91: Listen von Freunden/Bekannten erstellen (facebook.com)

Wenn Sie eine Freundschaftsanfrage in Facebook senden, so schlägt Ihnen Facebook vor, diese Person in eine Liste aufzunehmen.

Abb. 92: Freundschaftsanfrage mit Zuweisung zu einer Liste (facebook.com)

Ebenso können Sie Personen, die Ihnen eine Freundschaftsanfrage senden, direkt beim Akzeptieren der Freundschaftsanfrage zu einer Liste hinzufügen.

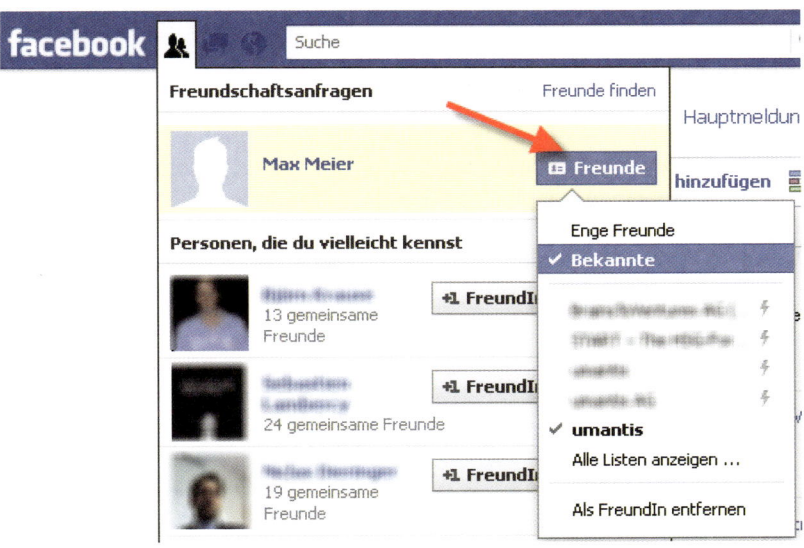

Abb. 93: Annahme von Freundschaftsanfragen mit Zuweisung zu einer Liste (facebook.com)

Wenn Sie Nachrichten schreiben oder Bilder hochladen, so können Sie jeweils definieren, wer diese sehen darf. So können Sie ihre privaten Nachrichten und Bilder gut trennen von den beruflichen.

Abb. 94: Einschränkung der Sichtbarkeit für gewisse Listen (facebook.com)

Auf diese Weise können Sie als Person auch beruflich das Netzwerk nutzen. Schreiben Sie über Ihre Arbeit, Ihre Erfahrungen, Ihr Unternehmen und anderes, das potenziellen Bewerbern ein Bild von Ihnen als Person gibt. So geben Sie Ihrem Unternehmen ein persönliches Gesicht und können mit anderen Personen in Kontakt treten. Beantworten Sie Fragen von anderen Benutzern, kommentieren Sie Nachrichten oder zeigen Sie Ihren Gefallen daran.

[!] Achtung: Freundschaftsanfragen an potenzielle Bewerber können aufdringlich wirken

Da viele andere Personen Facebook rein als privates Netzwerk nutzen, sollten Sie vorsichtig sein mit Freundschaftsanfragen an potenzielle Bewerber. Diese könnten eine Anfrage als ungefragtes Eindringen in ihre Privatsphäre verstehen.

6.3.4 Aufbau eines eigenen Netzwerkes

Der Aufbau eines eigenen Netzwerkes gehört zu den langfristigen Strategien eines Unternehmens.

Strategie	Ort	Vorgehen
Eigenes Netzwerk aufbauen	Unternehmensnetzwerk	▪ für aktuelle, ehemalige und zukünftige Mitarbeiter, zusammenarbeitende Partner, Dienstleister, Kunden, Lieferanten ▪ einfachen Austausch und unkomplizierte Zusammenarbeit ermöglichen durch Vollständigkeit und klaren Fokus

Tab. 11: Langfristige Strategien durch den Aufbau eines eigenen Netzwerkes

Vorteile eines unternehmensspezifischen Netzwerks

Für gewisse Zwecke kann ein eigenes unternehmensspezifisches Netzwerk von Nutzen sein. Der Vorteil eines eigenen Netzwerkes besteht darin, dass es für eine klar definierte Benutzergruppe ausgerichtet ist und deswegen einfacher gestaltet werden kann.[38] Ebenso können unternehmenseigene Netzwerke häufig eine gesamte Zielgruppe abdecken, auch wenn einzelne Personen sonst nicht in einem öffentlichen Netzwerk präsent sind – oder dieses nicht für geschäftliche Zwecke nutzen möchten. Und in unternehmensspezifischen Netzwerken können Informationen gepflegt werden, die nur im Kontext des Unternehmens Sinn machen und nicht in öffentlichen Netzwerken gepflegt werden würden.

> ▶ **Beispiel: Vorteile von unternehmensspezifischen Netzwerken**
>
> Unternehmensspezifische Netzwerke sind für Kunden nützlich, die Fragen zum Produkt stellen, sich gegenseitig unterstützen oder Verbesserungsvorschläge einbringen wollen. Hier können Kunden beispielsweise in ihrem Profil angeben, welche Produkte sie bereits wie lange im Einsatz haben, und sich über Erfahrungen mit den Produkten austauschen, was sie sonst nicht in einem öffentlichen Netzwerk machen würden. Da dieses eigene Netzwerk einem klar definierten Zweck dient, werden Benutzer nur diejenigen Informationen eingeben, die sie in dieser Gruppe für genau diesen Zweck zur Verfügung stellen möchten. Deswegen ist eine detaillierte Definition dessen, wer was sehen darf, nicht notwendig.

---

38 Beschreibungen und Anbieter solcher Netzwerke finden Sie in Kapitel 5.10 (siehe S. 97).

Netzwerke für aktuelle Mitarbeiter

Ein weiteres, zunehmend verbreitetes unternehmenseigenes Netzwerk sind Netzwerke für aktuelle Mitarbeiter. Alle Vorteile, die öffentliche Netzwerke bieten, können Unternehmen mit eigenen Netzwerken für den Unternehmenszweck nutzen. So können sich Mitarbeiter einfacher und unkomplizierter austauschen, Arbeitsgruppen elektronisch unterstützen, sich gegenseitig Feedback geben und Fragen stellen. Dadurch, dass es sich um ein unternehmenseigenes Netzwerk handelt, sind Vertraulichkeit und Datenschutz einfach sicherzustellen. Das Unternehmen kann die Basisdaten aller Mitarbeiter direkt aus anderen Systemen, wie beispielsweise aus der Lohnabrechnung, importieren und so ein vollständiges Verzeichnis aller Mitarbeiter anbieten.

Netzwerke für ehemalige Mitarbeiter

Genauso ist der Kontakt mit ehemaligen Mitarbeitern zunehmend wichtig – sei es als Botschafter des Unternehmens, als Wissensträger oder auch als mögliche Kandidaten für Wiedereinstellungen. Die meisten ehemaligen Mitarbeiter werden auch in öffentlichen Netzwerken präsent sein, aber eben nicht alle. In einem unternehmenseigenen Netzwerk kann das Unternehmen selbst dafür Sorge tragen, dass alle Mitarbeiter zumindest mit gewissen Kontaktinformationen verfügbar sind – natürlich immer das Einverständnis der Personen vorausgesetzt. Durch die höhere Bindung eines Mitarbeiters zu seinem ehemaligen Arbeitgeber und seinen Arbeitskollegen kann auf diese Weise ein nützliches Netzwerk aufgebaut werden. Bekannte Beispiele sind die Ehemaligen-Netzwerke von renommierten Beratungsunternehmen.

Netzwerk über Unternehmensgrenzen hinaus

Ein unternehmenseigenes Netzwerk kann auch genutzt werden, um Mitarbeiter von Partnern und Lieferanten mit den eigenen Mitarbeitern zu verbinden. Viele Unternehmensprozesse werden heute über Unternehmensgrenzen hinweg durchgeführt, weshalb auch ein Netzwerk über Unternehmensgrenzen hinaus einen Vorteil für die Zusammenarbeit und gegenseitige Information bietet.

Netzwerk für zukünftige Mitarbeiter

Ein Netzwerk für zukünftige Mitarbeiter, die bereits einen Arbeitsvertrag unterschrieben haben, aber noch nicht zu arbeiten begonnen haben, ist für den Einstiegsprozess von großer Hilfe. Zukünftige Mitarbeiter können sich gegenseitig unterstützen, beispielsweise bei der Wohnungssuche. Sie können auch ihre zukünftigen Kollegen in der Unternehmung bereits näher kennen lernen und sich mit Gepflogenheiten und Prozessen im Unternehmen bereits im Vorfeld bekannt machen.

Mit einem unternehmenseigenen Netzwerk kann man alle diese Gruppen miteinander verbinden – im Kontext des Unternehmens. Auf diese Weise baut man ein über die Unternehmensgrenzen reichendes Netzwerk aller am Unternehmen beteiligten Personen auf. Ein solches Netzwerk lässt sich dann sehr gut auch für Stellenangebote und deren Weiterverbreitung und Empfehlung nutzen.

6.4 Umgang mit Kommentaren zum Unternehmen in sozialen Medien

Soziale Medien spielen eine zunehmend wichtigere Rolle, wie Unternehmen in der Öffentlichkeit und auch bei Bewerbern wahrgenommen werden. Kommentare zu Unternehmen in sozialen Medien erhalten eine hohe Glaubwürdigkeit, insbesondere wenn sie authentisch und wiederholt einen konsistent guten oder negativen Inhalt haben. Unternehmen sollten sich dieser Bedeutung bewusst sein und deshalb soziale Medien kontinuierlich beobachten und auf Kommentare und Erwähnungen reagieren. Eine Einführung zu der Beobachtung von Meinungen und Kommentaren in sozialen Medien finden Sie in Kapitel 4.3.5 (siehe S. 56).

6.4.1 Beobachtungswerkzeuge für soziale Medien nutzen

Es gibt zahlreiche Werkzeuge, um soziale Medien übersichtlich zu beobachten. Eine Auswahl von Werkzeugen finden Sie in Kapitel 4.3.5 (siehe S. 56). In diesem Praxisratgeber wird exemplarisch netvibes (netvibes.com) vorgestellt, weil es eine gute kostenlose Version bietet. Andere Werkzeuge bieten ähnliche Funktionalitäten.

Einige Anbieter bieten kostenlose Lösungen, die einen guten Einstieg in das Monitoring sozialer Medien ermöglichen. Typischerweise kann man Beobachtungen zu unterschiedlichen Begriffen eingeben. Je genauer und eindeutiger die Begriffe sind, desto weniger nicht relevante Nennungen werden aufgenommen. So haben Unternehmen mit eindeutigen Markennamen einen Vorteil, wie beispielsweise Google. Beobachtungen von anderen, nicht eindeutigen Markennamen, wie beispielsweise Apple, werden offensichtlich zu vielen irrelevanten Nennungen führen. Somit sollten Sie solche Markennamen mit Zusatzbegriffen ergänzen oder bestimmte Begriffe ausschließen, damit die Beobachtungsergebnisse relevanter werden.

Geben Sie beispielsweise „Apple -food" (Apple minus food) ein, um zielgerichtet Nennungen zur Firma „Apple" zu erhalten. Wenn Sie Nennungen zu Äpfeln beobachten möchten, dann können Sie als Begriff „Apple food" eingeben.

Das folgende Bildschirmfoto zeigt, wie Sie Suchbegriffe zur Beobachtung bei netvibes erstellen.

Abb. 95: Erstellen einer Beobachtung mit Suchbegriffen (netvibes.com)

Sobald Sie einen Beobachtungsauftrag erstellt haben, sehen Sie in verschiedenen Reitern unterschiedliche Einspeisungen („feeds") aus verschiedenen Quellen zu den gewünschten Begriffen. Sie können selbst weitere Quellen definieren, bis hin zu einzelnen Inhaltsbereichen von Tageszeitungen, z.B. den Wirtschafts- oder Sportbereich.

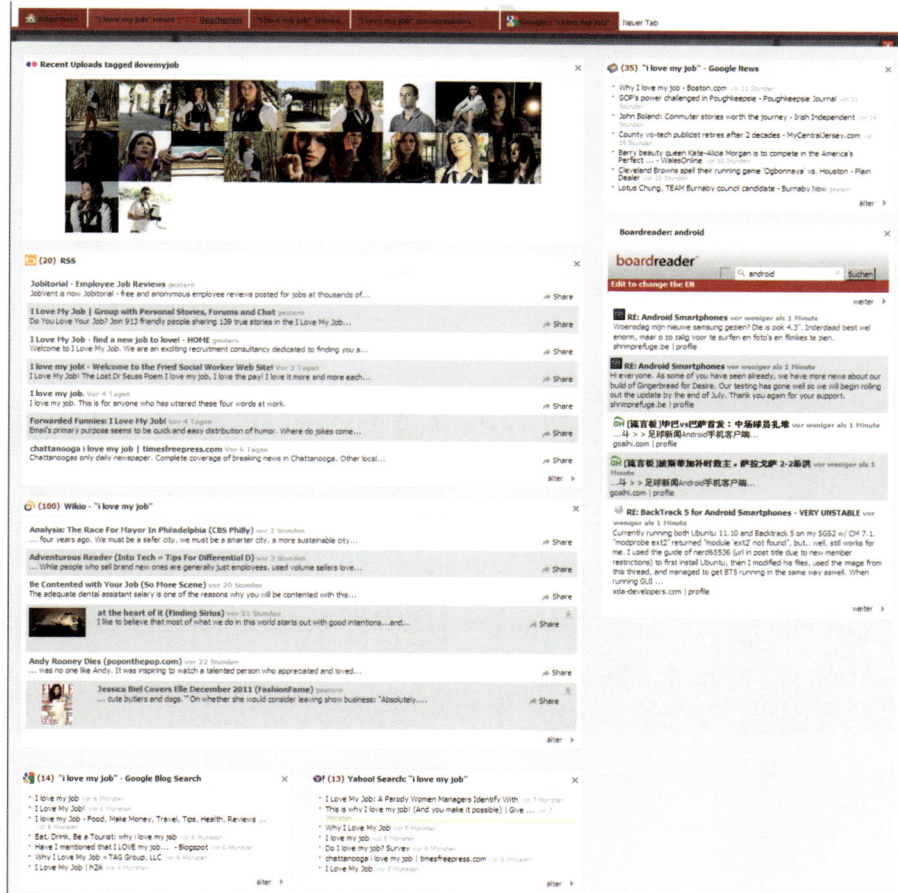

Abb. 96: Überblick über News am Beispiel „I love my job" (netvibes.com)

Die meisten Beobachtungswerkzeuge können Neuigkeiten aggregieren, wie auch Diskussionen und Nennungen in sozialen Medien.

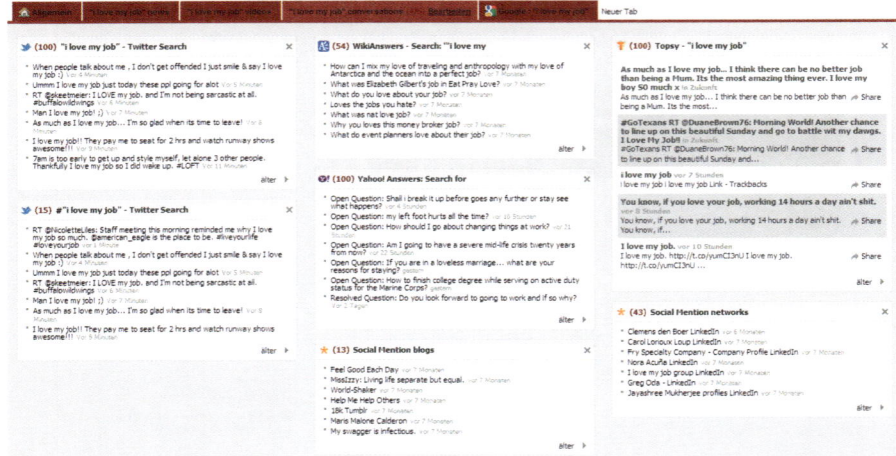

Abb. 97: Übersicht über Gespräche am Beispiel „I love my job" (netvibes.com)

Sobald es eine größere Anzahl an Nennungen gibt, können Beobachtungswerkzeuge sinnvoll dabei helfen, einen graphischen Überblick über Trends und aggregierte Kennzahlen zu liefern.

Anhand der folgenden Bildschirmfotos von netvibes.com sehen Sie grafische Analysen mit netvibes.

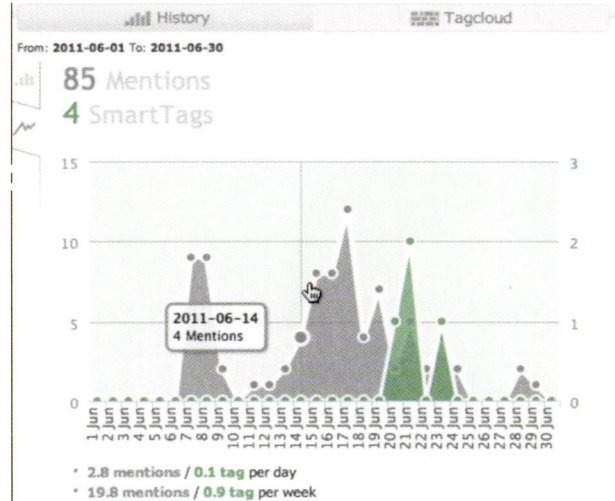

Abb. 98: Graphische Analysen der Nennungen am Beispiel Nintendo (netvibes.com)

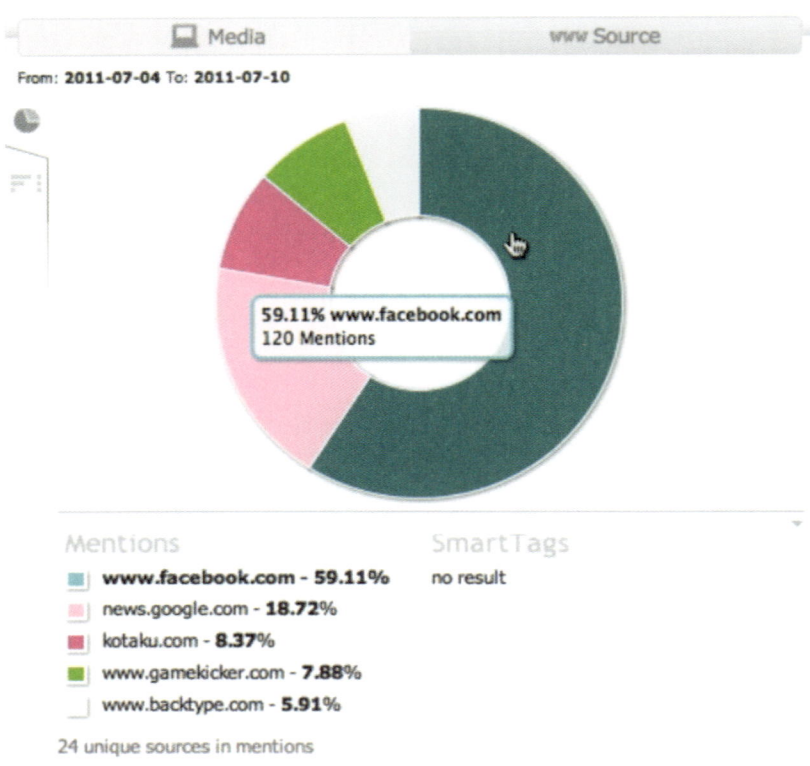

Abb. 99: Herkunft der Nennungen am Beispiel Nintendo (netvibes.com)

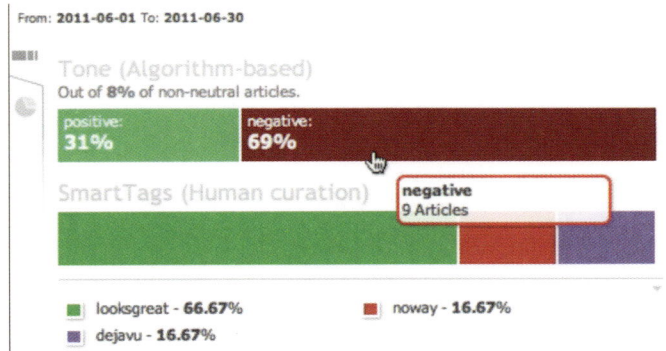

Abb. 100: Analyse der Stimmung der Meldungen am Beispiel Nintendo (netvibes.com)

Die automatische Einordnung von Stimmungen ist nicht immer korrekt, da eine automatische Analyse von positiv und negativ belegten Begriffen stattfindet. Deshalb bieten gewisse Werkzeuge auch die Möglichkeit, manuell die Stimmung zu bewerten bzw. die automatische Bewertung zu korrigieren. Bei einer großen Anzahl an Nennungen ist dies aufgrund des zeitlichen Aufwandes nicht mehr sinnvoll möglich – dafür zeigt jedoch die automatische Einordnung ein in der Tendenz passendes Bild.

Alarmfunktionen und Benachrichtigungen

Viele der Beobachtungswerkzeuge erlauben auch, Alarmfunktionen und Benachrichtigungen einzurichten. So kann man sich per E-Mail informieren lassen, wenn in gewissen Quellen die beobachteten Begriffe verwendet werden. Dies erlaubt eine zeitnahe Reaktion, wo dies wichtig ist.

6.4.2 Auf Kommentare und Meinungsäußerungen reagieren

Sobald Sie eine gute Beobachtung sozialer Medien eingerichtet haben, erfahren Sie zeitnah, in welchen Medien wie über die von Ihnen definierten Begriffe gesprochen wird. Das ermöglicht eine zeitnahe Reaktion auf diese Kommentare und Meinungsäußerungen zu Ihrem Unternehmen.

Reaktion auf positive Erwähnungen

Sind die Erwähnungen positiv, so können Sie sich einerseits bei den Verfassern bedanken, Ihr Gefallen anzeigen und diese Erwähnungen auch in den von Ihnen genutzten sozialen Medien weiter verbreiten. An vielen Orten gibt es heute „gefällt mir"-Funktionen, die mit wenig Aufwand ein positives Feedback an die Verfasser geben. Mit etwas mehr Zeitaufwand kann man Kommentare oder Antworten auf die Erwähnungen erstellen. Und wenn die Erwähnung besonders positiv ausfällt, so kann man diese auch über die Funktion „teilen" („share"/„retweet") in seinem eigenen Netzwerk bekannt machen.

Reaktion auf negative Erwähnungen

Sind die Erwähnungen negativ, so sollten Sie trotzdem darauf reagieren und sich ehrlich mit der Kritik auseinandersetzen. Wenn die Kritik gerechtfertigt ist, sollten Sie Maßnahmen ergreifen, um der Ursache für die Kritik auf den Grund zu gehen und Verbesserungen einzuleiten. Wenn Sie auf solche kritischen Kommentare antworten, zeigen Sie, dass Sie die Kritik und den Verfasser ernst nehmen und an Verbesserungen arbeiten. Darüber hinaus hinterlassen Sie einen positiven Eindruck, wenn Sie dem Verfasser der Kritik z.B. eine konkrete „Kompensation" anbieten.

> ### ▶ Beispiel: So gehen Sie konstruktiv mit Kritik um
>
> Wenn Sie wegen eines fehlerhaften Produktes im sozialen Netzwerk kritisiert werden, so können Sie z.B. anbieten, dieses durch ein neues Produkt auszutauschen. Wenn die Unzufriedenheit eine Dienstleistung betrifft, so können Sie eine kostenlose Wiederholung oder Verbesserung anbieten. Handelt es sich etwa um ein negatives Feedback zu einem Bewerbungsgespräch, so kann man den Bewerber nochmals zu einem Gespräch einladen – und so zumindest die Entscheidung erklären oder sogar dem Bewerber eine nochmalige Chance einräumen.

Wichtig ist in jedem Fall, dass Sie auf Erwähnungen zeitnah, gut und professionell reagieren. So lässt sich mit Personen, die am eigenen Unternehmen in irgendeiner Form Anteil nehmen, eine positive Beziehung aufbauen, die die Basis eines sozialen Netzwerkes ist. Tragen Sie dazu bei, dass diese Personen und deren Erwähnungen einem größeren Kreis bekannt werden – denn damit werden gleichzeitig auch Sie und Ihr Unternehmen bekannter.

Die „Währung" von sozialen Netzwerken ist die Beachtung und das Feedback auf Interaktionen. Dadurch wird ein Unternehmen persönlicher und erlebbarer als es in klassischen Medien möglich ist. Und durch diese „Belohnungen" erwirbt man Wohlwollen, das man auch für das Bewerbermarketing und die Mitarbeitergewinnung nutzen kann. Jemand, der etwas Positives von Ihnen erhalten hat, ist grundsätzlich eher bereit, auch Ihnen zu helfen, wenn Sie um Hilfe bitten, beispielsweise im Verbreiten von Stellenangeboten oder der Empfehlung Ihres Unternehmens als Arbeitgeber.

7 So gehen Sie beim Bewerbermarketing vor

Mitarbeiter sind das wichtigste Kapital von Unternehmen. Gute Mitarbeiter zu gewinnen, ist eine zentrale Herausforderung für den Erfolg jedes Unternehmens. Selbst noch so ausgeklügelte und gute Auswahlverfahren helfen wenig, wenn sich keine guten Bewerber für das Unternehmen interessieren. Deshalb ist es notwendig, dass man genügend Zeit in die Ausarbeitung und Umsetzung einer wirksamen Strategie im Bewerbermarketing verwendet, unabhängig davon, ob es sich um eine einzelne Stellenbesetzung oder die langfristige Erschließung einer wichtigen Zielgruppe handelt. Basis einer wirksamen Strategie ist es, sich in die Bewerber, die man idealerweise einstellen möchte, gut hineinzuversetzen. Nur so kann man sie auch wirklich gewinnen.

Die wichtigsten Schritte im Bewerbermarketing

Schritt 1: Definieren Sie die Zielgruppe der Bewerber

Im ersten Schritt sollten Sie sich fragen, welche Eigenschaften hinsichtlich Erfahrungen, Kenntnissen, Ausbildung, Alter, Geschlecht, Lohnvorstellungen, Mobilität, Arbeitseinstellung etc. Ihre Bewerber mitbringen sollten? Welche Eigenschaften sind hinderlich?

> **[!] Achtung: Machen Sie sich eine klare Vorstellung von Ihrem Wunschprofil**
>
> Die Definition des gewünschten Geschlechtes Ihres idealen Bewerbers soll nicht diskriminierend verstanden sein – im Gegenteil. Es kann beispielsweise sein, dass man für das Geschäftsleitungsteam bei gleichen Qualifikationen eine Frau bevorzugen würde, um eine heterogene Zusammensetzung zu erreichen. Wahrscheinlich sind Frauen über andere Kanäle und Botschaften anzusprechen, weshalb es wichtig ist, dass Sie von Anfang an eine klare Vorstellung von Ihrem Wunschprofil haben – sonst erreichen Sie gar nicht die gewünschte Zielgruppe und enden schließlich bei der Wahl zwischen Männern.

Schritt 2: Versetzen Sie sich in die Wünsche und Bedürfnisse des Bewerbers

Angenommen, man wäre einer der Bewerber: Was ist mir wichtig? Was erwarte ich? Was wünsche ich mir? Was möchte ich nicht?

Schritt 3: Erarbeiten Sie eine Botschaft

Basierend auf der Analyse der Bewerber sollten Sie eine Botschaft erarbeiten, die in Inseraten und anderen, auch und insbesondere sozialen Medien verwendet wird. Was erwartet jemanden von dieser Stelle? Was sind die Vorteile? Was bietet die Firma?

Schritt 4: Identifizieren Sie den „Aufenthaltsorten" des Bewerbers

Wo halten sich die gewünschten Bewerber auf – sowohl online als auch offline? Wo suchen sie eventuell nach geeigneten Stellen? Wo bekommen Sie die Aufmerksamkeit der Bewerber ohne große Streuverluste, wenn sie nicht aktiv auf der Suche sind? Wo befinden sich Beeinflusser der Zielgruppe?

Schritt 5: Wählen Sie die passenden Kanäle aus

Je nach Charakteristika und Aufenthaltsorten der Bewerber bieten sich andere Kanäle an, mit denen man Bewerber erreichen kann. Welcher Kanal bietet am meisten Chancen im Vergleich zu seinen Kosten? Welcher Kanal ist zeitlich ausreichend?

Schritt 6: Analysieren Sie die Erfolgsfaktoren

Woran erkennt man den idealen Kandidaten? Welche Kriterien sind den Bewerbern wichtig, um sich für das Stellenangebot zu entscheiden? Welche Maßnahmen erhöhen den Erfolg des Bewerbermarketings, nämlich den richtigen Mitarbeiter für das Unternehmen zu gewinnen?

Schritt 7: Planen Sie langfristige Maßnahmen

Welche langfristigen Maßnahmen sind notwendig, sinnvoll und auch leistbar, um bei der relevanten Zielgruppe präsent zu sein und die Chancen zu erhöhen, dass sich gute Bewerber für Ihr Stellenangebot interessieren?

7.1 Schritt 1: Definition der Zielgruppe

Die Definition der Zielgruppe ist der erste Schritt des Bewerbermarketings. Die Stellenanforderungen ergeben ein erstes Bild davon, welche Eigenschaften gute Bewerber haben sollten. Das genaue Durchdenken und Hinterfragen der Anforderungen ermöglicht manchmal eine weitere Zielgruppe, als man ursprünglich als Bild vor Augen hatte. Bei einer breiter definierten Zielgruppe erhöhen sich eventuell die Chancen, gute Bewerber zu finden. Falls die Zielgruppe sehr breit ist, kann die Unterteilung in Untergruppen dabei helfen, die einzelnen Personen gezielter und wirksamer anzusprechen. Dann sind die folgenden Schritte des Vorgehens je Unterzielgruppe durchzuführen.

Ein klares Bild der Personen und Persönlichkeiten sind nicht nur bezüglich der erforderlichen Kompetenzen und Erfahrungen wichtig, sondern auch bezüglich Alter, Geschlecht, Lohnvorstellung, Arbeitseinstellung und ähnlicher persönlicher Kriterien – ebenso eine klare Vorstellung davon, welche Eigenschaften hinderlich sind.

Nur durch eine klare Vorstellung des idealen Bewerbers kann man sich in sein oder ihr Leben und Umfeld hineinversetzen. Falls es bereits Mitarbeiter im Unternehmen gibt, die diesem Bild entsprechen, so ist es von Vorteil, sich genau diese Personen vorzustellen – und diese eventuell in die Erarbeitung der Strategie miteinzubeziehen. Falls kein Mitarbeiter diesen Vorstellungen entspricht, so sollte man sich eine virtuelle Person vorstellen, ihr einen Namen geben und mit einem Foto veranschaulichen. Dies hilft, die Zielgruppe zu personifizieren und damit konkreter darüber nachzudenken.

> ▶ **Beispiel: Entwicklung eines Bewerberprofils**
>
> **Zu besetzende Stelle:** Mitglied der Geschäftsleitung, Leitung Operationen („COO")
>
> Sie möchten die oben genannte Stelle besetzen. Dazu fragen Sie sich, welche Eigenschaften diese Person haben sollte.
>
> **Alter**
> Um das Führungsteam zu verjüngen, wäre ein Alter von 35 bis 45 Jahre ideal. Sie könnten sich jedoch auch ältere Kandidaten vorstellen. Deshalb definieren Sie zwei Unterzielgruppen: 35 bis 45 Jahre und darüber. (In diesem Beispiel wählen wir die Unterzielgruppe 35 bis 45 Jahre.)

Geschlecht
Weil das bisherige Führungsteam bisher nur über eine Frau verfügt, wäre eine Frau bei gleichen Qualifikationen vorzuziehen. Deshalb definieren Sie zwei Unterzielgruppen: Frauen und Männer. (In diesem Beispiel wählen wir die Unterzielgruppe Frauen.)

Erfahrungen
Die Person sollte bereits nachweislich Führungserfahrung gesammelt haben, idealerweise in einer ähnlichen Branche wie das Unternehmen. (In diesem Beispiel nehmen wir ein Maschinenbau-Unternehmen an.)

Kenntnisse
Organisationstalent; Prozesse definieren und nachhaltig umsetzen; Führungsqualität; technische Affinität, um mit Mitarbeitern der Produktion und Entwicklung sprechen zu können; Budgetierung und Controlling.

Ausbildung
Hochschulabschluss von Vorteil, aber nicht zwingend. Betriebswirtschaftliche/kaufmännische oder technische Ausbildung.

Wohnort/Mobilität
Arbeitsort wäre Stuttgart. Reisen sind regelmäßig notwendig, um internationale Niederlassungen zu besuchen.

Arbeitszeiten
Typischerweise recht anspruchsvoll, doch kann ein Teil am Heimarbeitsplatz erledigt werden. Ob der COO auf Reisen ist oder am Heimarbeitsplatz, macht wenig Unterschied für seine direkte Zusammenarbeit.

Hinderliche Eigenschaften
Großunternehmer-Allüren, bürokratisches Vorgehen, Lohnmaximierung, Sicherheitsbedürfnis.

Imaginäre Zielperson
Claudia Ammann, 38 Jahre
verheiratete Mutter von 2 Kindern (10 und 12 Jahre)
Hochschulausbildung als Maschineningenieurin
bis zur Geburt ihrer Kinder arbeitstätig,
u.a. als Projektmanager internationaler Projekte

7.2   Schritt 2: Hineinversetzen in die Wünsche und Bedürfnisse des Bewerbers

Nach der Definition des idealen Kandidaten für die offene Stelle, der nun möglichst plastisch vor Ihrem inneren Auge erscheinen sollte, besteht der nächste Schritt darin, sich in diese Person hineinzuversetzen: Was sind meine Wünsche und Bedürfnisse? Was wäre mein Traumjob? Wo könnte ich Kompromisse eingehen? Was kann oder möchte ich auf keinen Fall? Dieses Hineinversetzen hilft Ihnen, die Person genauer zu verstehen und darauf aufbauend die richtige Botschaft im Stelleninserat und in der Werbung zu finden. Außerdem lässt sich dadurch leichter definieren, wie man diese Person erreichen könnte.

In dem folgenden Beispiel hat der „ideale Kandidat" einen Namen bekommen: Claudia Ammann:

> ▶ **Beispiel: Wünsche und Bedürfnisse der Claudia Ammann**
>
> Claudia Ammann hat eine gute Ausbildung. Sie hat für ihre Kinder die Karriere hintangestellt.
>
> Sie möchte wieder eine verantwortungsvolle Aufgabe übernehmen und idealerweise Ihre Karriere nach der Unterbrechung infolge der Erziehungszeit („Karriereknick") wiederaufnehmen.
>
> Sie benötigt dennoch eine gewisse Flexibilität hinsichtlich der Arbeitszeiten, um Zeit für ihre Kinder zu haben.
>
> Sie muss Abwesenheiten (z. B. aufgrund von Reisen) gut planen können, um die Kinderbetreuung mit ihrem Mann oder anderen Personen abstimmen zu können.
>
> Lohn steht für sie nicht an erster Stelle, Aufgabe, Herausforderung und Chance sind wichtiger.
>
> Sie hat Bedenken, ob sie mit ihren männlichen Kollegen mithalten kann, die über einen deutlich längeren Zeitraum Führungserfahrung sammeln konnten.
>
> Sie fragt sich, ob sie direkt ins kalte Wasser springen will – oder eine Aufbauphase benötigt.

Sie sucht Austausch mit anderen Frauen in ähnlichen Situationen.

Sie benötigt Urlaub während der Schulferien – und idealerweise mehr als üblich. Sie wäre bereit, unbezahlten Urlaub für die Ausweitung der Ferien zu nehmen.

Sie möchte keine reine Karrierefrau werden, der die Karriere über das Wohl der Kinder und der Familie geht.

Sie möchte nicht regelmäßig die Abende unter der Woche für den Beruf einsetzen, weil sie dann keine Zeit mehr für die Kinder hat.

7.3 Schritt 3: Erarbeiten einer Botschaft der Stellenanzeige

Wenn man sich in die Situation der Zielperson, des idealen Kandidaten, gut hineingedacht hat, so ist die Botschaft des Stellenangebots einfach zu formulieren. Es geht darum, diejenigen Elemente des Stellenangebotes herauszustreichen, die den Wünschen und Bedürfnissen der Zielperson entsprechen. Es macht keinen Sinn, wenn Sie Dinge in das Stelleninserat schreiben, die nicht der Realität entsprechen. Das wäre eine recht kurzsichtige Vorgehensweise. Allerdings kann es durchaus sein, dass während der Beschäftigung mit den Wünschen und Bedürfnissen der Zielperson Veränderungen an dem Stellenprofil vorgenommen werden. Beispielsweise kann es sein, dass man gewisse Aufgaben hinzunimmt, die besonders attraktiv sind, oder andere nicht besonders erwähnt, die nicht gut zu dem Bewerberprofil passen.

Die Hauptbotschaft sollte sich kurz und knapp in dem Stellentitel wiederfinden und in der Stellenbeschreibung hervorgehoben werden.

▶ Beispiel: Anzeigentext, der eine Claudia Ammann ansprechen könnte

Wir suchen per sofort oder nach Vereinbarung eine

Leiterin Operationen (COO) und Mitglied der Geschäftsleitung w/m

Ihr Aufgabengebiet

- Sie verantworten den reibungslosen Ablauf unserer operativen Prozesse.
- Sie definieren Prozesse und Verbesserungen und setzen diese nachhaltig um.
- Zu diesem Zweck arbeiten Sie mit vielen Mitarbeitern im Unternehmen zusammen.
- Sie koordinieren die Budgetierung und bereiten das regelmäßige Controlling auf.
- Sie führen ein Team von 15 Personen direkt (Personal, Finanzen, Qualitätssicherung).

Unsere Anforderungen

- Sie verfügen über Organisationstalent, das Sie in Ihrer bisherigen Tätigkeit oder als erziehender Elternteil unter Beweis gestellt haben.
- Ein Hochschulabschluss ist von Vorteil, idealerweise in Betriebswirtschaft oder Technik.
- Sie fühlen sich in einem technischen Umfeld wohl und können gut mit Technikern kommunizieren.

Wir bieten

- Eine verantwortungsvolle Aufgabe als Mitglied der Geschäftsleitung.
- Flexible Arbeitsmodelle für Eltern mit der Möglichkeit von Heimarbeit.
- Wiedereinstiegsprogramme für qualifizierte Personen nach der Elternzeit.
- Planbare und maßvolle Auslandsaufenthalte zum Besuch der Niederlassungen.

7.4 Schritt 4: Identifikation von „Aufenthaltsorten" des Bewerbers

Nachdem Sie eine klare Zielgruppe definiert haben, sollten Sie sich überlegen, wo Sie diese Zielgruppe antreffen. Ideal sind reale oder virtuelle Orte, welche die Zielgruppe häufig frequentiert. Ebenso eignen sich Kanäle oder Medien, mit denen sich die Zielgruppe intensiver beschäftigt. Je genauer die Identifikation von Aufenthaltsorten gelingt, desto besser lassen sich zielgruppenspezifische Botschaften ohne Streuverluste platzieren.

Ebenso sinnvoll ist die Überlegung, ob es Orte gibt, an denen sich Beeinflusser der Zielgruppe aufhalten. Eventuell sind Beeinflusser der Zielgruppe wirksamere Überbringer Ihrer Botschaft, die zudem einfacher zu erreichen ist als die Zielgruppe selbst.

▶ **Beispiel: Identifikation der „Aufenthaltsorte" des Bewerbers**

Aufenthaltsorte einer Claudia Ammann

- Gut geführte Schulen und Orte davor, um Kinder zu bringen oder abzuholen
- Einkaufszentren und Freizeiteinrichtungen für Kinder
- Kinderarztpraxen, insbesondere Wartezimmer
- Ferienhotels und Ferienwohnungen mit Sportmöglichkeiten für kleinere Kinder
- Plattformen mit Tipps für Mütter zu Erziehung, Gesundheit, Familienorganisation
- Ausbildungseinrichtungen mit Auffrischungskursen (sowohl vor Ort als auch online)
- Soziale Netzwerke, auf denen sie Kontakt hält und Kinderphotos mit Freunden teilt

---

Aufenthaltsorte der Kinder von Claudia Ammann als Beeinflusser

Botschaft: „Ist Deine Mutter der beste Boss?"

- Kindergärten und Schulen
- Kinderspielplätze sowohl reell als auch im Internet
- Soziale Netzwerke für Kinder (häufig in Kombination mit Spielen)[39]

Aufenthaltsorte der Mutter von Claudia Ammann als Beeinflusser

Botschaft: „Bringen Sie Ihre Tochter in die Führungsetage!"

- Kaffeehäuser und Treffpunkte für Pensionisten
- Partnerschaftsplattformen (mit Schwerpunkt Senioren)
- Soziale Netzwerke, auf denen sie Kontakt hält mit ihren Kindern und Enkeln

7.5 Schritt 5: Auswahl der Kanäle und Medien des Bewerbers

Für die einzelnen Aufenthaltsorte der Bewerber bieten sich jeweils entsprechende Kanäle und Medien an. Eine Aufstellung und Beschreibung finden Sie in Kapitel 4 (siehe S. 33) „Informationsquellen für Bewerber".

▶ Beispiel: Identifikation der Kanäle und Medien des Bewerbers

Kanäle, um Claudia Ammann zu erreichen

- Aushänge an Schulen, Einkaufszentren, Freizeiteinrichtungen, Kinderarztpraxen
- Inserate in typischen Zeitschriften für Kinderarztpraxen
- Hinweise/Wettbewerbe auf Infomaterialien von Familienhotels und Ferienwohnungen
- Werbung auf Reise-Plattformen, wenn nach Familienferien gesucht wird

---

39 Soziale Plattformen für Kinder mit Spielecharakter sind beispielsweise panfu.com, oloko.com und grolly für Mobiltelefone (tiny.cc/grolly) vom Berliner Anbieter Young Internet oder clubpenguin.com von Disney.

- Werbung auf Plattformen mit Tipps für Mütter
- Teilnahme an Diskussionen auf diesen Plattformen, wenn es um Karriere geht
- Sponsoring von Abschlussveranstaltungen bei Ausbildungseinrichtungen für berufliche Weiterbildung und Auffrischungskurse
- Karriere-Events von Ausbildungseinrichtungen und Online Werbung
- Sponsoring von Studienarbeiten bei Ausbildungseinrichtungen
- gezielte Werbung auf sozialen Netzwerken für ausgebildete Mütter mit Kindern

Kanäle, um Kinder als Beeinflusser zu erreichen

- Spielzeug mit Hinweisen auf die Jobmöglichkeiten
- Malunterlagen mit Werbung
- Werbung auf sozialen Netzwerken für Kinder (soziale Spieleplattformen und Facebook mit Zielgruppenalter Kinder)

Kanäle, um Mütter als Beeinflusser zu erreichen

- Seniorenzeitschriften
- Untersetzer bei Kaffeehäusern, die von Senioren frequentiert werden
- gezielte Werbung auf Seniorenpartnerschaftsplattformen
- Werbung auf sozialen Netzwerken für ältere Personen und Facebook mit Zielgruppenalter Senioren)

7.6 Schritt 6: Analyse der Erfolgsfaktoren

Die Erfolgsfaktoren für ein gutes Bewerbermarketing sind vielseitig, je nachdem, welche Zielgruppe man über welche Kanäle ansprechen will. Es gibt jedoch einige allgemein gültige Erfolgsfaktoren.

Generelle Erfolgsfaktoren

- Stellenangebote, die den Vorstellungen der Zielgruppe entsprechen
  Welche Punkte des Angebotes werden besonders hervorgehoben, insbesondere im Titel. Treffen diese tatsächlich die Wünsche des Kandidaten?

- Identifikation von Merkmalen des idealen Kandidaten
  Durch Stellen von spezifischen Fragen (siehe Kapitel 5.7 (siehe S. 89))
  können effizient und schnell vielversprechende Kandidaten identifiziert
  werden.

- Geschwindigkeit der ersten Reaktion
  In der Zeit von Echtzeit-Transaktionen, ob es Flugbuchungen oder Börsen-
  geschäfte sind, erwarten wir zunehmend kürzere Reaktionszeiten in allen
  Belangen. Bei guten Bewerbern sollte eine erste, qualifizierte Reaktion
  idealerweise innerhalb von ein bis zwei Tagen eintreffen.

- Individualität der ersten Reaktion
  Die erste Reaktion bei guten Bewerbern sollte keine reine Standard-E-Mail
  sein. Sie sollte Bezug nehmen auf das Anschreiben oder einzelne Passagen
  des Lebenslaufes, welche die Bewerbung interessant machen. Dies hinterlässt einen guten Eindruck und damit eine positive Grundstimmung, die für
  den gesamten Prozess hilfreich ist.

7.7 Schritt 7: Planung langfristiger Maßnahmen

Häufig ist eine Stellenbesetzung mit einem gewissen Zeitdruck verbunden,
weshalb längerfristige Maßnahmen des Bewerbermarketings oft zu kurz kommen. Aber gerade langfristige Maßnahmen zahlen sich im konkreten Fall
sowohl zeitlich als auch kosten- und qualitätsmäßig aus.

Generell ist das Engagement in einer Zielgruppe eine vielversprechende langfristige Maßnahme. Nach der Identifikation, wo man die gewünschte Zielgruppe am besten erreicht, kann man sich dort als Unternehmen engagieren,
d.h. in erster Linie einen Beitrag für die Zielgruppe leisten. Dies kann über
inhaltliche Diskussions- und Lösungsbeiträge oder die finanzielle Unterstützung (Sponsoring/Werbung) von Austauschforen geschehen – unabhängig ob
diese online stattfinden oder vor Ort. Als Unternehmen kann man Mitarbeiter
ermuntern, sich aktiv an Diskussionen zu beteiligen oder an der Lösungsfindung
für Probleme anderer mitzuwirken. Dieser Kanal kann bei eigenen inhaltlichen
Problemen helfen oder eben bei der Suche nach geeigneten Kandidaten. Einige
Personen der Zielgruppe haben dann bereits persönliche Beziehungen zum
Unternehmen oder einzelnen Mitarbeitern und würden der Bitte, das Stellen-
angebot in ihrem Netzwerk zu streuen, als „Gegenleistung" gerne entsprechen.
Diesen Gefallen kann man natürlich nur erwarten, wenn man sich zuvor in der
Netzgemeinschaft eingebracht hat.

▶ Beispiel: Langfristige Maßnahmen im Bewerbermarketing

- Engagement in Austauschforen durch Diskussions- und Lösungsbeiträgen oder finanzielle Unterstützung
- Aktivitäten an Ausbildungseinrichtungen, Anbieten von Stipendien, Vergeben von Diplomarbeiten oder Praktika
- Ausrichten von Wettbewerben oder öffentlichen Auszeichnungen
- Prämieren guter Forschungsarbeiten
- Kontakthalten mit ehemaligen Mitarbeitern sowie guten Bewerbern und Interessenten
- Aufbauen von fachlichen Netzwerken sowie Präsenz in geschäftlichen und privaten Netzwerken

8 Ausblick: Die Aufgaben von Personalverantwortlichen

Die Aufgaben von Personalverantwortlichen im Bewerbermarketing und in der Mitarbeitergewinnung sollten regelmäßig überprüft und durchdacht werden. Welches sind die zentralen Aufgaben in diesem Prozess? Welche Arbeitsschritte sollte man eventuell anders gestalten oder auslagern? Und welches sind die Ziele und wie messen wir diese? Ein klares Verständnis der eigenen Rolle hilft, die eigene Produktivität zu erhöhen und damit auch die Wirksamkeit des Bewerbermarketings.

8.1 Entwicklung der Personalabteilung

Personalabteilungen müssen sich weiterentwickeln. Besonders durch neue Informations- und Kommunikationstechnologien werden administrative und transaktionale Arbeiten zunehmend automatisiert und/oder direkt an der Quelle durch Vorgesetzte, Mitarbeiter und Bewerber durchgeführt. Organisationen werden flacher und Intermediäre – Zwischenglieder eines Prozesses – werden zunehmend überflüssig im bisherigen Arbeitsprozess. Personalabteilungen sind klassische Intermediäre, deren Aufgaben früher darin bestanden, Informationen von unten nach oben zu aggregieren und Entscheidungen von oben nach unten herunterzubrechen. Diese Arbeiten werden nun zunehmend durch neue Technologien unterstützt und damit auch verändert.

Diesen Zusammenhang veranschaulicht die folgende Abbildung:

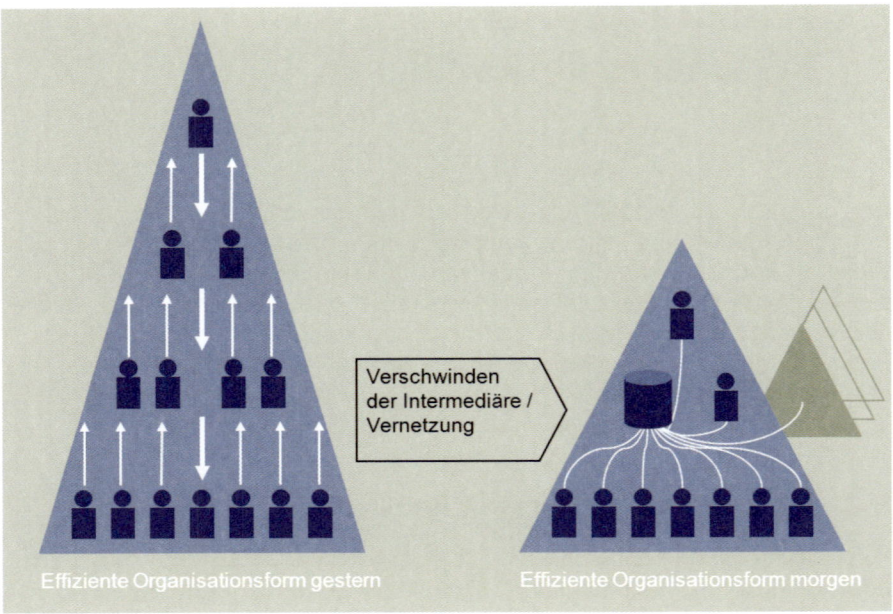

Abb. 101: Veränderung von Organisationen durch neue Medien

Viele Personalabteilungen verspüren diesen Druck und versuchen auf verschiedene Weise, ihren Aufgabenbereich zu verteidigen. Man wird jedoch nicht
wichtig, indem man sich wichtig macht. Man wird wichtig, indem man
Wichtiges macht. Ein anschauliches Bild der bisherigen und zukünftig notwendigen Entwicklung von Personalabteilungen vermitteln die vier (englischen) Ps:
Polite, **P**olice, **P**artner, **P**layer.

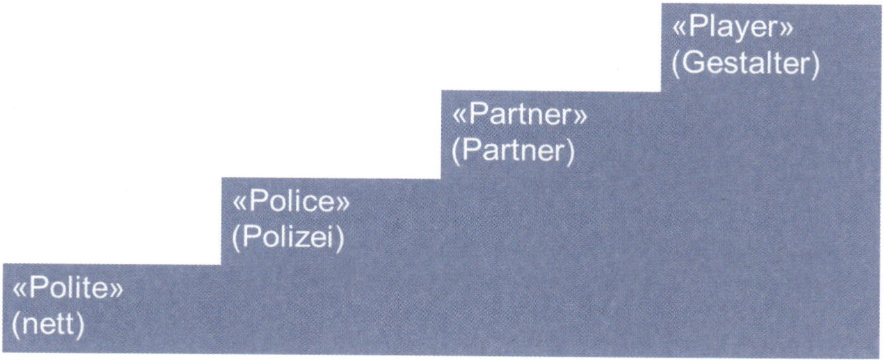

«Player»
(Gestalter)

«Partner»
(Partner)

«Police»
(Polizei)

«Polite»
(nett)

Abb. 102: Entwicklung der Personalabteilung[40]

Viele Personalverantwortliche haben diesen Beruf gewählt, weil sie mit Menschen zusammenarbeiten und ihnen helfen wollen (Stufe 1: polite/nett). Durch die zunehmende Reglementierung wurden Sie zu Überwachern des korrekten Einhaltens von Regelungen und Vorschriften (Stufe 2: police/Polizei). In den letzten Jahren erlebte das Konzept von Geschäftspartnern eine Blüte. Personalabteilungen sollten zu Dienstleistern und zuverlässigen Beratern der Linie werden (Stufe 3: partner/Partner). Die heutigen Veränderungen erfordern und ermöglichen aber auch, dass sich Personalabteilungen als Gestalter des Unternehmens positionieren und somit einen wertvollen Beitrag zum Erfolg des Unternehmens leisten (Stufe 4: player/Gestalter).

8.2 Zentrale Aufgaben im Bewerbermarketing

Zu den zentralen Aufgaben der Personalverantwortlichen im Bewerbermarketing zählen die Darstellung der Arbeitgeberattraktivität, die Beratung von und die Dienstleistung für Linienvorgesetzte in Bezug auf die Ausschreibungsstrategie, die Vorbereitung und Unterstützung der Auswahl und Gewinnung von Personal sowie die Prozessüberwachung.

---

40 Gemäß Les Hayman, internationaler HR-Experte, Botschafter von SAP und Verwaltungsrat der umantis AG.

Arbeitgeber–Attraktivität

- Pflege der Homepage und der Karriereseiten
- Pflege der Netzwerk-Aktivitäten
- Zusammentragen und Initiieren der Erstellung von Inhalten
- redaktionelle Beiträge
- Linienvorgesetzte früh in Kontakt mit potenziellen Bewerbern bringen
- Suchresultate optimieren
- Aufbau von Präsenzen in sozialen Medien und Netzwerken

Beratung von und Dienstleistung für Linienvorgesetzte

- optimale Strategien und Kanäle
- ansprechende Ausschreibung
- Vorbereitung und Unterstützung bei der Auswahl

Plattform anbieten

- Werkzeuge für schnellere, effizientere und professionellere Prozesse
- Hilfe zur Selbstorganisation für Linienvorgesetzte
- Systematisierung und Transparenz

Prozessbegleitung

- Überwachen von Terminen und Status der Bewerber
- Sicherstellung einer schnellen Reaktionen bei guten Bewerbern
- Auswertung von Leistungskennzahlen

8.3 Outsourcing von Personalprozessen

Gewisse Prozesse oder einzelne Schritte lassen sich in Zusammenarbeit mit externen Partnern erbringen. Dadurch kann man Schwankungen der eigenen Auslastung abfangen und potenziell die Qualität und Erfolgswahrscheinlichkeit erhöhen. Generell sollte man aber nur Prozesse auslagern, die man bereits selbst in Grundzügen beherrscht und die funktionieren. Die Involvierung der Linie ist jedoch nicht zu ersetzen und nicht auslagerbar. Nach der Einstellung

muss die Linie mit den entsprechenden Mitarbeitern zusammenarbeiten können – und auch die Mitarbeiter mit den Vorgesetzten.

Auslagerungsmöglichkeiten gesamter Prozesse

- Search-Unternehmen (Strategie, Ausschreibung, Vorauswahl und Prozesse)
- Zeitarbeit (alle Elemente inkl. Lohnabrechnung, Risiko von Ausfällen)

Auslagerungsmöglichkeiten von Teilprozessen

- Werbung (in verschiedenen Kanälen)
- Unterstützung bei Aufbau und Pflege von sozialen Netzwerken
- Vorauswahl (Personalberatungen)
- Bewerberverwaltung und -management („Recruiting Process Outsourcing")

8.4 Ziele der Personalabteilung

Klar definierte Ziele in der Personalarbeit helfen, die eigenen Aktivitäten zu
fokussieren. Wenn zusätzlich Leistungskennzahlen definiert sind, kann man in
regelmäßigen Abständen beobachten, ob sich die gewünschte Leistung verbes-
sert oder verschlechtert hat. Natürlich kann es immer externe Faktoren geben,
welche die Leistungskennzahlen ohne Schuld der Personalverantwortlichen
verändern. In solchen Fällen sollte man diese Einflüsse zumindest erklären
können.

Beispiele für Ziele in der Personalarbeit

- schnell die richtigen Bewerber finden
- schnell und professionell auf gute Bewerber reagieren
- gute Quote von Zusagen auf Vertragsangebote
- gutes Image bei Bewerbern und Mitarbeitern
- unfreiwillige Fluktuation reduzieren
- eigene Nachfolger intern entwickeln
- Elternschafts- und Altersteilzeitmodelle
- Zufriedenheit der Linie und der neuen Mitarbeiter
- Leistung, Verweildauer und Entwicklung der neuen Mitarbeiter

Stichwortverzeichnis

Stichwortverzeichnis

Über den Autor

Hermann Arnold

Hermann Arnold ist Mitgründer und Geschäftsführer der umantis AG. Die umantis AG ist ein Spin-off der Universität St. Gallen (HSG) und der Eidgenössischen Technischen Hochschule (ETH) und zählt zu den führenden Anbietern für webbasiertes Talent- und Leistungsmanagement – in Deutschland unter der Marke „Haufe umantis".

Im Rahmen von zahlreichen Projekten mit führenden Unternehmen, von Forschung, Lehraufträgen und Vorträgen beschäftigt sich Hermann Arnold seit Jahren mit konkreten Fragestellungen guten Mitarbeitermanagements, der Zukunft der Arbeit und der Personalabteilungen – und insbesondere mit den Auswirkungen des Internets auf die Führungszusammenarbeit.

Vor der Gründung der umantis AG war Hermann Arnold mehrmals unternehmerisch tätig, unter anderem als Mitgründer und Geschäftsführer der BrainsToVentures AG, einem führenden Dienstleister für Privatinvestoren im Bereich innovativer Wachstumsunternehmen, als Mitgründer und Chairman von „START – Das HSG-Forum zur Unternehmensgründung" sowie als Mitbegründer einer Computerschule für Kinder von 6–14 Jahren.

Nach Abschluss seines Studiums der Betriebswirtschaftslehre mit Vertiefung Strategie und Organisation an der Universität St. Gallen arbeitete er als Assistent des Rektors der Universität St. Gallen an der Neukonzeption der Lehre insbesondere im Bereich Neue Medien und Sponsoring. Die Diplomarbeit verfasste er zu dem Thema „Was kann das Human Resources Management zur Steigerung des Unternehmenswertes beitragen."

Hermann Arnold stammt aus Innsbruck (Österreich). Seine Hobbies sind Sport (u. a. zweifacher Finisher des Iron Man Switzerland) und Politik (Open Society).